新型职业农民创业致富技能宝典
规模化养殖场生产经营全程关键技术丛书

规模化蜜蜂养殖场
生产经营全程关键技术

曹 兰 王瑞生 程 尚 主编

U0395081

中国农业出版社
北 京

规模化养殖场生产经营全程关键技术丛书
编 委 会

主　任：刘作华

副主任（按姓名笔画排序）：

　　　　王永康　　王启贵　　左福元　　李　虹

委　员（按姓名笔画排序）：

　　　　王　珍　　王　玲　　王阳铭　　王高富　　王海威

　　　　王瑞生　　朱　丹　　任航行　　刘安芳　　刘宗慧

　　　　邱进杰　　汪　超　　罗　艺　　周　鹏　　曹　兰

　　　　景开旺　　程　尚　　翟旭亮

主持单位：重庆市畜牧科学院

支持单位：西南大学动物科学学院

　　　　　　重庆市畜牧技术推广总站

　　　　　　重庆市水产技术推广站

本书编写人员

主　　编：曹　兰　　王瑞生　　程　尚

副主编：罗文华　　谭宏伟　　翁昌龙

参　　编：刘佳霖　　高丽娇　　任　勤　　姬聪慧

　　　　　鲁必均　　于中奎　　殷素会　　刘德银

　　　　　周选举　　王小平　　蒋　雨　　章志国

PREFACE 序

改革开放以来，我国畜牧业经过近40年的高速发展，已经进入了一个新的时代。据统计，2017年，全年猪牛羊禽肉产量8 431万吨，比上年增长0.8%。其中，猪肉产量5 340万吨，增长0.8%；牛肉产量726万吨，增长1.3%；羊肉产量468万吨，增长1.8%；禽肉产量1 897万吨，增长0.5%。禽蛋产量3 070万吨，下降0.8%。牛奶产量3 545万吨，下降1.6%。年末生猪存栏43 325万头，下降0.4%；生猪出栏68 861万头，增长0.5%。从畜禽饲养量和肉蛋奶产量看，我国已然是养殖大国，但距养殖强国差距巨大，主要表现在：一是技术水平和机械化程度低下导致生产效率较低，如每头母猪每年提供的上市肥猪比国际先进水平少8～10头，畜禽饲料转化率比发达国家低10%以上；二是畜牧业发展所面临的污染问题和环境保护压力日益突出，作为企业，在发展的同时应该如何最大限度地减少环境污染；三是随着畜牧业的快速发展，一些传染病也在逐渐增多，疫病防控难度大，给人畜都带来了严重危害。如何实现"自动化硬件设施、畜禽遗传改良、生产方式、科学系统防疫、生态环境保护、肉品安全管理"等全方位提升，促进我国畜牧业从数量型向质量效益型转变，是我国畜牧科研、教学、技术推广和生产工作者必须高度重视的问题。

党的十九大提出实施乡村振兴战略，2018年中央农村工作会议提出以实施乡村振兴战略为总抓手，以推进农业供给侧结构性改革为主线，以优化农业产能和增加农民收入为目标，坚持质量兴农、绿色兴农、效益优先，加快转变农业生产方式，推进改革创新、科技创新、工作创新，大力构建现代农业产业体系、生产体系、经营体系，大力发展新主体、新产业、新业态，大力推进质量变革、效率变革、动力变革，加快农业农村现代化步伐，朝着决胜全面建成小康社会的目标继续前进，这些要求对畜牧业发展既是重要任务，也是重大机遇。推动畜牧业在农业中率先实现现代化，是畜牧业助力"农业强"的重大责任；带动亿万农户养殖增收，是畜牧业助力"农民富"的重要使命；开展养殖环境治理，是畜牧业助力"农村美"的历史担当。农业农村部部长韩长赋在全国农业工作会议上的讲话中已明确指出，我国农业科技进步贡献率达到57.5%，畜禽养殖规模化率已达到56%。今后，随着农业供给侧结构性调整的不断深入，畜禽养殖规模化率将进一步提高。如何推广畜禽规模化养殖现代技术，解决规模化养殖生产、经营和管理中的问题，对进一步促进畜牧业可持续健康发展至关重要。

为此，重庆市畜牧科学院联合西南大学、重庆市畜牧技术推广总站、重庆市水产技术推广站和畜禽养殖企业的专家学者及生产实践的一线人员，针对养殖业中存在的问题，系统地编撰了规模化养殖场生产经营全程关键技术丛书，按不同畜种独立成册，包括生猪、蜜蜂、肉兔、肉鸡、蛋鸡、水禽、肉羊、肉牛、水产品共9个分册。内容紧扣生产实际，以问题为导向，针对从建场规划到生产出畜产品全过程、各环节遇到的常见问题和热点、难点问题，提出问题，解决问题。提问具体、明确，解答详细、充实，图文并茂，可操作性强。我们真诚地希望这套丛书能够为规模化养殖场饲养员、技术员及相关管理人员提供最为实用的技术帮助，为新型职业农民、家庭农场、农民合作社、农业企业及社会化服务组织等新型农业生产经营主体在产业选择和生产经营中提供指导。

刘作华

2018年6月20日

FOREWORD 前言

　　我国是世界第一养蜂大国，现饲养蜜蜂900余万群，养蜂人数高达20余万人。近年来，我国蜂业迅速发展，养殖规模不断扩大，规模化蜂场逐渐增多，但还存在养蜂技术不成熟，疾病防控不规范，养殖成本控制不力，蜂场收入不稳定等问题，经济效益还有很大的提升空间。从传统养殖生产到规模化生产经营的过程中，养蜂业面临许多亟须解决的新问题。我们立足于科学研究和生产实践，注重科学性、实用性和操作性，采用问答方式编写本书，将当前规模化蜂场生产经营过程中遇到的常见问题进行解答。本书涉及的问题基本上囊括了蜜蜂生产经营全程蜂农所能遇到的问题，本书是蜂农、蜂场管理者和蜂业科技人员理想的参考书籍。

　　本书包括蜜蜂生物学基础、蜂场建设、蜂种与繁殖、蜜粉源植物、蜂群饲养管理、蜜蜂病虫害防治、蜜蜂产品、蜜蜂授粉、蜂场经营管理、养蜂政策法规10个方面内容，提炼出了近300个问题,逐一从理论上和实践中,给以完备、翔实的解答。

当前养蜂技术日新月异,蜂产品市场瞬息万变,书中难免有不妥之处,还请读者提出宝贵意见。

编　者

2018年6月

CONTENTS 目录

第五章　蜂群饲养管理 ·································65

第六章　蜜蜂病虫害防治

第一章　蜜蜂生物学基础

第一节　蜜蜂的群体

1.蜂群是怎样组成的？

蜜蜂是社会性生活的昆虫，以群体为单位，任何单只蜜蜂都不能长时间脱离群体生存下去。每个蜜蜂群体一般情况下由1只蜂王，数千至数万只工蜂和数千只雄蜂组成。蜂群是蜜蜂生活和生产的基本单位。从生产的观点看，必须有生产能力的蜂群，才算一群蜂，如采蜜群、繁殖群、王浆生产群等。不能及时形成生产能力的蜂群，如交尾群、无王群等，一般不计算在内。蜂王是全群中唯一发育完全的雌性蜂，其职能是产卵和维持蜂群正常生活。工蜂是生殖器官发育不完全的雌性蜂，是蜂群中的劳动者，蜂群中的一切劳动均由工蜂承担。雄蜂是蜂群中的雄性个体，无劳动能力，唯一职能就是与处女王交尾。蜂群内的这三种蜜蜂，分工合作，共同维持群体生活。

2.三型蜂的特点和作用？

蜂王、工蜂和雄蜂合称为三型蜂，它们高效、有序地组成一个完整蜂群。

（1）**蜂王**　由受精卵发育而成，是蜂群内唯一生殖器官发育完全的雌性蜂，个体最大。一般情况下每群蜂只有1只蜂王，蜂王在蜂群中所处地位特殊，任务繁重，是蜂群的枢纽和核心成员，通常受到全群工蜂照顾和优待。蜂王在蜂群中通过"蜂王物质"统领全群，维持蜂群正常生活；蜂王的主要任务是产卵，在产卵期间，工蜂给蜂王饲喂蜂王浆，使蜂王保持快速的繁殖能力。据统计：意蜂蜂王一昼夜可产1 500～2 000粒卵，中蜂蜂王一昼夜可产800～1 000粒卵。蜂王每天产卵的重量相当于蜂王本身重量的1～2倍，这是自然界中一个少有的现象。蜂王自然寿命可达5～6年，但1年后的蜂王，产卵力明显下降。因此，在养蜂生产过程中，常常通过每年换王来获得更好的生产性能。

（2）**工蜂**　是由受精卵发育而成的雌性蜂，但生殖器官发育不完全。工蜂在蜂群中数量最多，每群蜂有工蜂数万只，是蜂群的主体，也是蜂群生活的主宰者和蜂产品的生产者。工蜂的任务是担负蜂群的所有工作，如采蜜、采粉、哺育幼虫、泌蜡造脾和清洁保卫等。在采集季节，工蜂的平均寿命只有35天，而秋后所培育的越冬蜂，一般能生存3～4个月，有时甚至5～6个月。

（3）**雄蜂**　由未受精卵发育而成，是蜂群内的雄性蜂。雄蜂的主要任务是与处女王交配，可以任意进入每一个蜂群。在繁殖季节每群蜂中的雄蜂有数百只到上千只，其寿命可达3～4个月。但在缺乏蜜粉时，交配季节一过，工蜂便会把雄蜂驱赶在边脾上或蜂箱底，甚至驱逐出巢。雄蜂由于既无力反抗，又不能自己取食，只好活活饿死。

3. 蜜蜂个体是如何发育而成的?

蜜蜂是完全变态发育的昆虫，一生经历卵、幼虫、蛹、成虫四个不同的发育阶段。蜜蜂三型蜂卵期都是3天，卵发育3天后孵化为幼虫；蜂王幼虫期5天、工蜂幼虫期6天、雄蜂幼虫期7天，幼虫的发育完成后进入蛹期，然后工蜂将巢房封盖；蜂王蛹期8天、中蜂工蜂11天、意蜂工蜂12天、中蜂雄蜂13天、意蜂雄蜂14天。中蜂和意蜂发育日期见表1-1。

表1-1　中蜂和意蜂发育　　　单位：天

三型蜂	蜂种	卵期	幼虫期	蛹期	出房期
蜂王	中蜂	3	5	8	16
	意蜂	3	5	8	16
工蜂	中蜂	3	6	11	20
	意蜂	3	6	12	21
雄蜂	中蜂	3	7	13	23
	意蜂	3	7	14	24

注：出房期指卵期、幼虫期、蛹期之和。

4. 什么状态下会产生新蜂王？

下列三种情况常可产生新的蜂王。

自然分蜂：当外界气候温暖，蜜粉源充足，蜂群内工蜂旺盛，蜂多于脾时，工蜂在巢脾的下缘和边缘筑造多个王台，培育新王。在新蜂王出房前，蜂群中的老蜂王就会停止产卵，收缩腹部。待晴暖天气，蜂群中的老蜂王连同部分工蜂一起飞离原巢，寻找新的场所营造新巢，这种现象就叫"自然分蜂"。

自然交替：当蜂王衰老或伤残时，工蜂会在巢脾中央部位的下缘筑造1～3个王台，培育新王，进行交替，但不分蜂。这种情况可以见到老王和新王共存，不久老王会自然死亡，这种现象也叫"母女交替"。

急迫改造：当蜂群内蜂王突然死亡或受到严重损伤，工蜂会把1～3日龄的幼虫紧急改造，扩大巢房，使其成为王台，加喂蜂浆，培育新王。此时王台数目最多，且位置不定。

5. 蜂王是怎样出台的？

新王出台前2～3天，工蜂把王台顶盖的蜂蜡咬薄，露出茧衣，蜂王自己咬开茧衣，爬出台外，称为出台。新王出台后十分活跃，立即巡行各脾，寻找和破坏其他王台。当新出台的处女王遇到别的王台，便用锐利的上颚从王台侧壁咬1个小孔，用螯针把未出台的处女王一个个都刺死在王台中。除非工蜂保护几个王台，以便进行第2次或第3次分蜂，否则处女王会在巢脾上不断巡视，直到消灭最后1个王台为止。如果两只处女王正好同时出房，那么它们将进行生死决斗，并用螯针和上颚去攻击对方，直到其中的1只被杀死，以巩固其地位。由于刚羽化的处女王胆小怕光，当人提脾检查时，常潜入工蜂堆中不易找到，所以应细心查找。

6. 蜂王是怎样交配的?

出台后的蜂王称为处女王，3天后便出巢试飞，以便熟悉蜂巢所处的环境。因此为了让处女王更容易认识自己的蜂巢，一般要在蜂箱上做好不同的标记。当处女王发育到5～9日龄时，其尾端的生殖腔时开时闭，腹部不断抽动，并有工蜂跟随，这标志着处女王已经性成熟。蜂王在晴天无风中午20℃以上时飞出巢外交尾，这一现象称为"婚飞"，每次飞行15～50分钟，距离蜂箱3～4千米。蜂王遇到雄蜂后，即被追逐、交配，交配后雄蜂生殖器拉断脱落，堵塞蜂王阴道口，以阻止精液外流。第2只雄蜂交配时将其拔掉，以此类推。蜂王每次飞行可与数只雄蜂交尾，最后带着雄蜂黏液排出物形成的白色线状物飞回巢中，这种线状物称为"交尾标志"。蜂王交尾后，工蜂追随蜂王，以示欢迎，并用上颚拉出蜂王生殖器内的线状物。在1～2天内，蜂王可和7～15只雄蜂交尾，把精子贮存在受精囊中（需有精子500万个以上），供其一生之用。蜂王每产1粒卵，要放出10～12个精子。蜂王的交尾期为1～2周，过期不再交配，如果处女王错过交配时间，立即将其废除。

7. 蜂王是怎样产卵的?

蜂王交尾成功后，腹部膨大，行动稳重，2～3天后开始产卵，坚守岗位，专心致志，除分蜂逃亡外，再也不出巢飞行和交尾。正常情况下，蜂王凭借腹部的感觉，在工蜂房产受精卵，在雄蜂房产未受精卵，由中部向两侧依次产卵，每房产1粒卵。蜂王每分钟产卵3～5粒，连产15～20分钟休息1次。蜂王休息时有10～20个侍从工蜂喂饲蜂王浆和刷拭，鼓励其多产卵。一个强群好王，全年可产卵20万粒，按工蜂寿命算，在采集期，每群意蜂可拥有工蜂4万～6万只，每群中蜂可拥有工蜂2万～3万只。

8. 雄蜂是如何产生的?

正常的蜂群大多数在春末夏初的分蜂季节才培育雄蜂，工蜂首先在巢脾的下侧造雄蜂房，蜂王在其内产未受精卵，雄蜂由未受精卵发育而成。雄蜂具单倍染色体，只有母亲，没有父亲。每群蜂培育雄蜂的数量与群势、品种和巢脾状况相关，一般培育几百只，有的上千只（最多不超过总数的5%）。雄蜂专司交尾，别无他用。但仅少量雄蜂与处女王进行交配，多数在秋末冬初被工蜂逐出巢外冻死或饿死。

9. 雄蜂是怎样生活与交配的?

雄蜂出房后，大部分时间停留在育虫区内的巢脾上，有时也在巢脾上爬行。5日龄以内的雄蜂，多由工蜂饲喂，之后便由自己取食。6～8日龄出巢飞行。正常情况下雄蜂出房8～12天后性成熟，交配期约2周，所以人工育王时必须提前2周培育雄蜂。雄蜂性成熟后，常在午后2～4时出巢飞游。雄蜂每次都会在空中形成一个密集的"雄蜂云"，以保证"处女王"婚飞和交尾的顺利实现，这种现象叫作出游。雄蜂每次飞行25～60分钟，一天数次飞行，飞行半径2～7千米，高度20～30米。当处女王出巢婚飞时，大批雄蜂立即追逐处女王，只有少数身体强壮的雄蜂和处女王交配。交配过程中，雄蜂生殖器外翻，囊状角插入蜂王交配囊中，射精后拉断生殖器翻转掉落，很快死亡。所以雄蜂的"婚礼"和"葬礼"是同时举行的。雄蜂如果出游未能遇到处女王或竞争落选时，只好回巢接受工蜂姐妹们的"安慰"，以待再次出游。

10. 工蜂是怎样生活与工作的?

工蜂的职能是承担蜂群内所有劳动，一出生就开始工作，直到老死。工蜂一般按发育、生理日龄的不同从事各种不同的工作，但是在非常情况下，这种分工将会进行调整，没有严格的时间限制。

（1）**幼龄蜂** 1～5日龄，王浆腺等不发达，绒毛灰白色的蜂。1～3日龄的幼蜂，由其他工蜂喂饲。4～5日龄的工蜂，可调制蜂粮（蜂蜜和蜂花粉的混合物），喂养较大的幼虫。

（2）**青年蜂** 6～18日龄的蜂，王浆腺等腺体发达，绒毛较多。主要担任内勤工作。6～12日龄的工蜂，喂养较小的幼虫和蜂王。每只幼虫平均每天需喂1 300次，每只越冬蜂可育虫1.12只，春季的新蜂可育虫3.85只。12～18日龄的工蜂蜡腺发达，担任泌蜡造脾、酿蜜和调制蜂粮等内勤工作，并逐渐出巢采集。

（3）**壮年蜂** 19～30日龄的蜂。特点是腹部黑黄两色环带明显，体格健壮，主要从事外勤采集工作。研究表明，外勤蜂58%采蜜，25%采花粉，17%两者兼采或采水。

（4）**老龄蜂** 31日龄以上的工蜂称老龄蜂。特点是绒毛磨光，体表光秃油黑。它们担任防御、侦察蜜源、采水和部分采蜜等工作。

此外，工蜂还担任采胶、调节温度和湿度、清理和保卫蜂巢等工作。工蜂多表明群势壮，外勤蜂多表明采集力强，采集期外勤蜂应占50%左右。所以，有计划地使壮年蜂出现的高峰和主要流蜜期相吻合，是奠定丰产的基础，即在主要流蜜期前40天，进行奖励饲喂，扩大蜂巢产卵繁殖，大量繁殖新蜂，到蜜源流蜜高峰期便可投入采集。如果突然失王、巢内又无新培养的蜂王时，个别工蜂也能产卵，但只产未受精卵、发育成雄蜂，蜂群就会解体，应予防止。

11. 蜂巢是怎样构成的?

蜂巢是蜜蜂居住和生活的场所,是工蜂用其腹部蜡腺分泌的蜂蜡为材料加工而成,由若干个六棱柱状的小巢房连成一片成为巢脾,多个巢脾组合形成蜂巢。巢脾上的巢房依尺寸大小又分工蜂巢房、雄蜂巢房和王台。它们的功能和大小各不相同,工蜂房主要用来培育工蜂、贮存蜂蜜和花粉,雄蜂房主要用来培育雄蜂和贮存蜂蜜,王台用来培育处女王;工蜂房内径中蜂为4.4～4.5毫米,意蜂为5.3～5.4毫米;雄蜂房内径中蜂为5.0～6.5毫米,意蜂为6.25～7.00毫米;蜂巢中各脾间有10～12毫米的蜂路,供蜜蜂通行;一个标准的巢脾两面中蜂有7 400～7 600个工蜂房,意蜂有6 600～6 800个工蜂房。每个巢脾上布满蜜蜂时约有2 500～3 000只蜂。巢脾和巢房是蜜蜂产卵、育虫和存放饲料蜜粉的场所。产卵育虫的脾称为子脾,常放置于巢箱中部;存放饲料的脾称为蜜脾、粉脾,位于巢箱的上方和两侧。子脾和蜜脾并没有严格的界线,子脾上面也可贮蜜,蜜脾中下部有时也可供产卵育虫。巢脾上产卵区和贮蜜区之间的区域一般用于贮存花粉。

12. 蜂群的周年生活消长规律是怎样的?

蜂群受一年四季气候、蜜粉源等因素的影响,工蜂数量的消长和生活会出现一定的变化规律,这些消长变化主要有五个时期:越冬期、更新期、增殖期、分蜂期、恢复期。

(1)**越冬期** 秋季最后一批新蜂出房,经飞翔排泄后,随着外界气温的不断降低、蜜粉源枯竭、工蜂停止采集、蜂王停卵,蜂群逐渐进入越冬状态。在寒冷的冬季,蜂群以结团的形式保持巢内温度,利用秋季贮存的饲料维持其基本生命活动,以度过整个冬季。随着部分工蜂的死亡,蜂群的群势急剧下降,越冬期是一年中工蜂量较少的时期。

（2）**更新期** 早春外界气温上升，蜜蜂便出巢排泄，当巢内温度达到育子温度后，蜂王开始产卵，蜜蜂的工作量随之加大，加快了工蜂的衰老，蜜蜂数量有一定的下降趋势。随着新蜂出房逐渐代替老蜂，新蜂出房的数量与死去的老蜂数量基本相等，蜂群中工蜂的数量出现第一次动态平衡。

（3）**增殖期** 工蜂新老交替后，由于新蜂寿命长、哺育力强，且此时蜂王产卵力强，蜂群中子脾面积大，出现整脾封盖子为蜂群发展提供大量的青年工蜂，老蜂死亡的数量低于新蜂出房数量，蜂群迅速壮大。此时，蜂群中便会出现雄蜂巢房，雄蜂开始发育，在后期会出现王台，蜂群的发展进入下一个时期。

（4）**分蜂期** 蜂群发展到一定程度，便开始出现自然分蜂，这是蜂群繁殖的唯一方式。群内工蜂个体数量积累到一定程度，首先出现雄蜂房，然后建造自然王台，准备进行群体繁殖，进行自然分蜂。蜂群出现蜂王产卵速度减慢、工蜂出勤减少等分蜂情绪。随着自然分蜂的实现，一群蜜蜂分为两群或数群，每一群蜂的工蜂数量相对地减少。在自然界，蜜蜂都是按照蜂群的发展而发生自然分蜂，但在人工饲养中，如果在大流蜜期发生自然分蜂，对获得蜜蜂产品是不利的。所以在大流蜜期到来之前，就要采取一定措施防止分蜂，以便获得高产。

（5）**恢复期** 经过自然分蜂之后，工蜂的采集和造脾积极性提高，蜂王的产卵量增加，很快就会恢复群势，在一些地区还会发生第2次分蜂。进入秋季后，外界蜜粉源越来越少，而且刚越夏的蜂群中老蜂大量积累，这些老蜂一般不能作为越冬蜂。加强秋季繁殖，培育出一定数量的青年蜂，更新老蜂，储备好优良饲料，为蜂群越冬做准备。这些体格健壮的蜜蜂，没有参加过任何哺育和采集工作，具有良好的生理机能，冬季寿命可达3～5个月，为蜂群越冬提供了保障，也是来年春季繁殖的主要力量。

第二节　蜜蜂的行为与信息交流

13. 蜜蜂有哪些行为?

蜜蜂是高度社会化的昆虫,具有复杂的社会行为。蜜蜂具有飞行、采集、贮存、守卫、泌蜡造脾、哺育、饲喂、分蜂、繁殖、信息传递、交配、产卵等行为。蜂王、雄蜂、工蜂各有自己不同的行为,对工蜂来说,其行为还具有阶段性,即工蜂一般按照日龄进行社会分工。蜜蜂的主要行为有:

(1)**飞行**　飞行是蜜蜂巢外活动的主要形式,如采集、交配、认巢、分蜂等都要飞行。在晴暖无风条件下,意蜂载重飞行的时速为20～24千米。一般情况下,蜜蜂飞行活动的范围主要在2.5千米内,如果蜜粉源稀少可扩大到3～4千米。一般情况下,蜜蜂飞行的高度约1千米。

(2)**采集**　蜜蜂的采集主要包括花蜜、花粉、水、树胶等。采集蜂多为壮年蜂和老年蜂。蜜蜂采集飞行的最适温度为15～25℃,外界气温低于8℃时,工蜂基本不出巢采集,中蜂比意蜂耐寒,在低温阴雨天也能采集。

(3)**建造蜂巢**　蜜蜂的泌蜡造脾工作由工蜂完成,工蜂腹部有4对蜡腺,能分泌蜂蜡,7～21日龄的工蜂蜡腺最发达。工蜂造脾时,首先会吸收足够的蜂蜜,然后悬挂在巢框上,用后足跗节花粉耙上的硬刺,从腹部蜡腺处取下蜡鳞,经前足传送到上颚,并混入上颚腺分泌物,将蜡软化,进行巢脾修造。一般情况下,工蜂建造1个工蜂房需要蜡鳞50片左右,而建造1个雄蜂房则需要120片蜡鳞。

(4)**饲喂**　卵孵化后,需要蜜蜂进行饲喂,直到封盖新蜂羽化出房。蜂王大多数情况下都需要工蜂饲喂,3日龄以下的小幼虫,都由工蜂分泌的蜂王浆饲喂,而在3日龄后,工蜂和雄蜂的幼虫则由工蜂饲喂蜂蜜和蜂粮，而蜂王一生都由工蜂饲喂蜂王浆。

（5）**信息传递**　蜜蜂群体具有完善的信息传递方式，这和其社会生活的协调工作相关。蜜蜂的信息传递主要依靠蜂舞和信息素。

（6）**交配**　蜜蜂的交配在空中完成。蜂王婚飞就是处女王和雄蜂在空中完成交配的过程。处女王出房5天左右达到性成熟，8～9天后便在晴暖无风的午后2～4时出巢交尾飞行。雄蜂在出房12～20天达到性成熟。蜂王一次婚飞可与10只左右的雄蜂交配，如果一次交尾数量不够，蜂王还会进行二次婚飞。但只要蜂王开始产卵后，其终生不再交配。

（7）**自然分蜂**　自然分蜂是蜜蜂群体繁衍生存的唯一方式，也是其固有的本能。蜜蜂的分蜂行为一般发生在蜜粉源丰富、气候适宜、蜂群强盛的条件下，原群约一半的青壮年工蜂、部分雄蜂和老蜂王飞离原巢，另择新居。

（8）**守卫和防御**　蜜蜂防御就是保卫蜂巢不受侵犯，在受到外来物侵扰时，工蜂便在巢门前排成行，一起摇摆腹部，发出警告声。有时还会发生厮杀现象，同时释放报警信息素，招引更多的守卫蜂来加入守卫。

（9）**迁飞**　由于蜜粉源枯竭、寒冷酷热、人为干扰、病害侵袭等因素的影响，在环境不再适应蜂群的生活时，蜂群便弃掉原巢迁飞他处另觅新巢生活。

不同的蜂种有着不同的迁飞习性，东方蜜蜂比西方蜜蜂更容易发生飞逃。飞逃前工蜂处于"怠工"状态，蜂王腹部缩小，停止产卵，巢内幼虫数量明显减少，当巢内的封盖子基本出房后，天气较好的时候蜂群便开始迁飞。

（10）**盗蜂**　在外界蜜源缺乏的季节，有些蜂群的工蜂趁其他的蜂群戒守不严，进入他群，偷盗蜂蜜回本群的现象，称为盗蜂。被盗群工蜂往往会与盗蜜工蜂发生厮杀，轻者损伤蜜蜂，严重者造成全场毁灭。

14. 蜜蜂有哪些采集特性？

蜜蜂为了生存和繁衍后代，通过采集行为来获得所需的一切营养物质。

（1）**花蜜的采集**　在蜜源旺盛期，1个强群大约有1/3的工蜂在巢外采集，2/3的工蜂留在巢内。采集蜂每次出巢采集历时27～45分钟，每次在巢内约停留4分钟。1天中出巢采蜜平均为10次，最高达24次。采集蜂一次平均载蜜量为40毫克，最高达80毫克。

（2）**花粉的采集**　工蜂在形态构造上高度特化，有利于花粉的采集。蜜蜂采集花粉的次数、重量等取决于花的种类、温度、风速、相对湿度以及巢内条件等因素。

研究表明，工蜂1次采满花粉篮约访花100朵；1次采满花粉篮须采集6～10分钟，最高187分钟；每日一般采粉6～8次，最多达47次；每次采粉重量为12～29毫克。

气温若低于12℃或高于35℃，不利于采粉工作。风速达17.6千米/小时，采粉蜂减少，风速达33.6千米/小时，采粉工作便停止。

蜜蜂采集来的花粉，约含有20%以上的蛋白质、28.4%的糖分和19.8%的脂肪。

（3）**水的采集**　一般情况下，蜜蜂对水的需要都可以从采集回来的花蜜中得到满足，但在缺少蜜源的早春、盛夏和比较干旱的时节，蜜蜂必须从外界采集水。蜜蜂采水主要用于稀释蜂蜜、调整幼虫饲料、降低巢温、调节巢内温度和湿度以及自身需要等。因此，在干旱、炎热、外界水源缺乏时节，必须给蜜蜂喂水或提供水源以便蜜蜂采集。

（4）**树胶的采集**　蜜蜂采集树胶主要用于堵塞缝隙、裂缝、缩小巢门、包埋无法清理出巢的小动物（如鼠、蟑螂）的尸体等。西方蜜蜂有采集树胶的习性，东方蜜蜂不采胶。

15. 蜂群内最佳的温度和湿度是多少?

蜂群内的温度和湿度与群内有无蜂儿*有关,当群内无蜂儿时,蜂群内的温度和湿度要求不是很严格,一般随外界变化而变化,温度可在14 ~ 32℃内变动;当群内有蜂儿时,蜂巢内的中心温度基本恒定在34.4 ~ 34.8℃,有蜂儿的部分温度保持在32 ~ 35℃,蜂巢外侧没有蜂儿的部分,温度在20℃以上。有蜂儿时,蜂群内的相对湿度要求维持在60% ~ 80%。

16. 蜜蜂是怎样调节巢内温度和湿度的?

(1)温度调节 在有蜂儿的蜂群内,当外界的气温十分低时,蜜蜂主要通过以下三条途径维持群内温度在34.4 ~ 34.8℃:一是靠成年蜂加速采食蜂蜜,促进新陈代谢而产生能量;二是成年蜂密集结团;三是蜂群内的幼虫和蛹呼吸产生热量。当外界气温大于34.8℃时,蜜蜂就以下列三种方法来降低温度至34.8℃:一是分散成年蜂,成年蜂爬到蜂箱壁、箱底和箱外;二是蜜蜂采集水,并把水分涂在巢房、箱壁等地方,使水分蒸发吸收箱内热量,达到降温的目的;三是有部分工蜂自动在巢内和巢门口排成几列长队,用翅膀往同一方向高速而协调地扇风,以加强空气流通,散发热量。

(2)湿度调节 在有蜂儿的蜂群内,工蜂能维持群内的相对湿度为35% ~ 75%,这种湿度正好是蜂儿发育的最适湿度。

在自然条件下,温度和湿度这两个因素同时存在,而且是密不可分的。水分的蒸发提高了湿度,同时又降低了温度。在了解蜂群内的温度和湿度后,人们可以有目的地创造有利于蜂儿发育的温度和湿度,这对加强培育蜂儿和提高工蜂采集积极性,都有重大意义。

---

* 蜂儿,是指未封盖子(幼虫)和封盖子(蛹)的总称。——编者注

17. 蜜蜂繁殖的最佳温度是多少?

蜂儿对蜂巢里温度的变化是非常敏感的，32℃以下和36℃以上的温度，就会使蜂儿发育期推迟或提早，而且羽化的蜜蜂不健康，特别是翅的发育不齐全。蜂群能感觉出温度升降0.25℃的变化。当温度在34℃时，它们开始积极地增加蜂巢温度，当温度升高到34.4℃时，加温反应随即终止；但在温度升到34.8℃时，蜜蜂就产生使蜂巢降温的反应。

18. 蜜蜂对温度的耐受临界点是多少?

蜜蜂属于变温动物。单一蜜蜂在静止状态时，其体温与周围环境的温度极其相近。中蜂、意蜂的个体安全临界温度，分别为10℃和13℃。当气温降到14℃以下时，蜜蜂逐渐停止飞翔。意蜂个体在13℃以下，逐渐呈现冻僵状态；在11℃时，翼肌呈现僵硬；在7℃时，足肌呈现僵硬。气温达40℃以上时，蜜蜂几乎停止田野采集工作，有的仅是采水而已。

蜂群中的封盖子，对温度的变化极端敏感。用恒温箱在不同温度下培养封盖子的实验证明，封盖子在20℃时，经过11天死亡；在25℃时，经过8天死亡；在27℃时，能羽化成蜜蜂，但都立即死亡；在30℃时，能全部羽化成蜜蜂，但推迟4天出房；在35℃时，封盖子全部正常时期羽化；在37℃时，工蜂的发育期缩短3天，但封盖子却大量死亡，并出现许多发育不全的蜜蜂；在40℃时，封盖子全部死亡。

19. 蜜蜂是怎样传递信息的?

蜜蜂传递信息的方法有释放气味、振动翅膀招呼同伴、敌方示威等，但采集信息主要是用不同舞蹈动作来传递的。在蜜蜂采集前，少数侦察蜂先出外寻找蜜源，发现蜜源回巢后，以不同形式的舞蹈作为传递信息的方式，以表达蜜源、粉源的数量、质量、方向和距离。

（1）**圆形舞** 侦察蜂在巢脾上，反复绕圈爬行，一次向左，一次向右，约0.5分钟转换一个位置重复进行。这表示蜜源、粉源在100米以内，不表示方向。

（2）**摆尾舞** 侦察蜂在巢脾上，一边摇摆腹部，一边绕行"8"字形舞圈。既表示距离，也表示方向。

距离：以转圈的速度表示，转得快表示距离近，转得慢表示距离远。

方向：利用太阳角来确定。巢箱（门）到太阳的直线和巢箱到蜜源的直线形成的夹角称"太阳角"。太阳的方向在巢脾上被转变为重力垂直线，即太阳任何时候都在重力垂直线上方。舞圈中轴和重力垂直线形成的交角，其角度则表明以太阳为准，蜜源所在的相应方向。

如果舞圈中轴与重力垂线重合，蜜蜂头部向上进行，则表明蜜源在顺太阳的直线方向。蜂头向下进行，则表明蜜源在背着太阳的直线方向。

舞圈中轴逆时针方向与重力垂直线形成一定角度，表示蜜源在朝太阳左方的相应角度上。

舞圈中轴顺时针方向与重力垂直线形成一定角度，表示蜜源在朝太阳右方的相应角度上。

数量和质量：侦察蜂舞蹈越起劲，表示蜜源越多越好。但群蜂狂舞，则表示有飞逃的可能，应加预防。

蜜蜂在舞蹈的同时，还将蜜样分给同伴品尝，以利于找到蜜源。

20. 蜜蜂是怎样泌蜡与造脾的？

蜂巢由若干巢脾组成，巢脾上的六角形巢房是蜜蜂繁殖后代、贮存饲料（蜂蜜）和栖息的场所。当蜂群内饲料充足、外界蜜粉源稳定、有新鲜的花蜜和花粉不断采回时，青年工蜂的蜡腺会分泌大量的蜂蜡，蜂群在丧失了蜂巢或蜂巢内感到拥挤的情况下会积极地泌蜡进行造脾。良好状态下蜜蜂分泌1千克蜂蜡需要消耗3.5～3.6千克蜂蜜；1千克蜜蜂在蜜粉源条件优越的情况下，可分泌500克蜂蜡。因此，每个蜂场都应有足够数量的巢脾，适时将巢脾加入箱内，扩大蜂巢，保证蜜蜂繁殖和贮蜜。自然分蜂刚分出的蜂群泌蜡造脾积极性高，速度也快。中蜂喜爱新脾，应每年更新巢脾。每个巢脾使用时间不应超过2年。

第二章 蜂场建设

第一节 养蜂场地选择及蜂群排列

21. 怎样选择养蜂场地？

养蜂场的环境条件与养蜂成败、蜂产品产量和质量密切相关，所以应选择蜜源丰富、环境适宜、交通方便的地方建立蜂场。养蜂场周围2.5千米半径范围内，全年至少要有两种或以上大面积的主要蜜粉源植物。养蜂场地要求背风向阳、地势高燥、不积水、小气候适宜。在山区建立养蜂场应选山脚或山腰向南的坡地，西北面或背面有院墙或密林等挡风屏障，前面地势开阔，阳光充足，场地中间有稀疏的小树，冬春季可防寒风吹袭，夏秋季有小树遮阳、免遭烈日暴晒（图2-1）。蜂场附近应有清洁的水源供蜜蜂采水，若有常年流水不断的小溪更为理想，但蜂场前面不可紧靠水库、湖泊和江河。

图2-1 中蜂蜂场（高丽娇 摄）

　　同时，蜂场要远离化工厂、污水沟、垃圾场、经常喷洒农药的果园和菜地等地方，以免对蜂群造成伤害；蜂场要安静，远离人群聚集、嘈杂的地方，以免发生蜇人事件，引起不必的麻烦。

　　每个蜂场放置的蜂群数量以西蜂（西方蜜蜂的简称）不多于200群、中蜂100群左右为宜。蜂场与蜂场之间至少应相隔3千米，以保证蜂群有充足的蜜源。蜜蜂飞行路线不要经过其他蜂场，以免造成蜜蜂迷巢、盗蜂和疾病传播。

22. 中蜂场怎样排列蜂群？

　　中蜂认巢能力差、盗性强，所以中蜂蜂箱的排列不能太密，以免引起蜜蜂错投、斗杀和盗蜂。中蜂蜂箱的排列应根据地形、地貌分散排列，各蜂群的巢门方向应尽可能地错开。山区林下养蜂可利用斜坡、草丛或树林分散布置蜂群，各个蜂箱巢门的方向、位置高低各不相同，蜂箱位置目标明显，易于蜂群识别。

23. 西蜂场怎样排列蜂群？

　　我国饲养的西蜂蜂箱的排列方式有单箱并列、双箱并列、一字形排列、环形排列（图2-2）等，国外养殖的西蜂群还有三箱、四箱和多箱排列等方式。这些蜂群蜂箱的排列方式各有特点、可根据场地的大小和蜜蜂饲养管理的需要进行选择。

图2-2　西蜂蜂箱的排列方式（曹兰　摄）

24. 蜂群的放置注意事项有哪些?

（1）**垫高** 除了转地途中临时放蜂之外，无论采用哪种排列方式，都应用砖头、石块或木桩将蜂箱垫高30～40厘米，防止地面上的敌害进入蜂箱和潮气腐蚀箱底。南方林区蜂场蜂箱用竹桩支撑也能有效防白蚁危害。定地饲养蜂场可建固定的放蜂平台。

（2）**倒扣玻璃瓶** 在木桩或竹桩顶端倒扣玻璃瓶或将支架放入装有水的容器内，可有效防蚂蚁和白蚁进入箱内，见图2-3。

图2-3 倒扣玻璃瓶防敌措施（曹兰 摄）

（3）**蜂箱放置** 蜂箱摆放应平衡，避免巢脾倾斜，且蜂箱前部应略低于蜂箱后部，避免雨水进入蜂箱，但蜂箱倾斜不宜太大，以免刮风或其他因素引起蜂箱翻倒。

（4）**蜂箱朝向** 蜂箱夏季应安放在阴凉通风处，冬季应安放在避风向阳的地方，巢门一般朝南或东南方向。在北方的秋末和中部地区的越冬前期，为减少蜜蜂出勤并降低巢温，巢门也可朝西北方向。

此外，放置蜂群的地方不能有高压电线、高音喇叭、彩旗、路灯、诱虫灯等吸引和刺激蜜蜂的物体。蜂箱前面应开阔无阻，便于蜜蜂进出，不能将蜂群巢门面对墙壁、水塘、篱笆或灌木丛。

第二节　**蜂群选购**

25.怎样选购蜜蜂品种?

不同的蜂种具有各自不同的生物学特性。在选购蜂种前必须深入了解每种蜜蜂的相关特性，并根据当地的气候条件、蜜源植物的面积和种类、饲养管理技术水平和养蜂目的等，选择经济性能好、容易饲养的蜂种。

我国饲养的主要蜂种有中华蜜蜂、意大利蜜蜂、卡尼鄂拉蜂、高加索蜂、东北黑蜂等。如果蜂场周围5千米内每年只有一个主要蜜源和较为丰富的辅助蜜源，冬季短，温暖潮湿，夏秋季有胡蜂危害的山区，则最好选择优良中蜂，定地饲养；如果以转地饲养为主，以产蜜产浆为主要目的，可选择意卡单交种（母本：意大利蜜蜂，父本：卡尼鄂拉蜂）或卡意单交种（母本：卡尼鄂拉蜂，父本：意大利蜜蜂）；如主要蜜源花期较早，冬季长而寒冷，春季短，以定地饲养和产蜜为主要目的，则可选择卡蜂或卡意单交种；如果以产浆为主要目的，可选择浆蜂及其培育品种；北方寒冷地区可选择适应低温生存的东北黑蜂。购买蜂群应先掌握不同蜂种的性能特征，调查蜂群疾病的流行情况，不要从疫病流行区域引种。另外，也可先进行试养，再进行引种。

26.怎样选购蜂群?

挑选蜂群应在天气晴暖、蜜蜂能够正常巢外活动、有利于箱外观察和开箱检查时进行。首先在巢门前观察蜜蜂活动表现和巢门前死蜂情况并进行初步判断，然后再开箱检查。

（1）**箱外观察**　在蜜蜂出勤采集高峰时段，进行箱前巡视观察。进出巢的蜜蜂较多的蜂群，群势强盛；携粉归巢的外勤蜂比例大，则巢内卵虫多，蜂王产卵力强。健康正常蜂群巢门前死蜂较少，基本没有蜜蜂在蜂箱前地面爬动。如果地面有较多瘦小甚至翅残的工蜂爬动，可能有螨虫危害；巢门前有体色暗淡、腹部膨大、行动迟缓的工蜂，或有较大量、较稀薄粪便，则是蜜蜂腹泻的症状和表现；巢门前有白色和黑色的幼虫僵尸，则可能患有蜜蜂白垩病。

（2）**开箱检查**　开箱时工蜂安静、不惊慌乱爬，不激怒、不蜇人，说明蜂群性情温驯；工蜂腹部较小，体色正常、不油亮，体表绒毛多而新鲜，则表明蜂群年轻工蜂比例较大；蜂王体大、胸宽、腹长丰满，爬行稳健，全身密布绒毛且色泽鲜艳，产卵时腹部屈伸灵敏，动作迅速，提脾时安稳且产卵不停，则说明蜂王质量好；卵虫整齐，幼虫饱满有光泽，小幼虫巢房底浆多，无花子、无烂虫现象说明幼虫发育健康。

27. 何时选购蜂群最佳?

购买蜂群较适宜的时期，南方宜在12月至翌年2月或下半年的9～10月，北方宜在2～4月，在这些时期购蜂有利于蜂群的快速增长。

购买蜂群应在蜂群增长阶段的初期，即在早春蜜粉源植物的初花期、越冬蜂群已充分排泄后进行。此时，气温逐渐回升，并趋于稳定，百花盛开、蜜粉丰富，有利于蜂群的繁殖增长，当年即可投入生产。

其他时期也可以引进蜂种，但是蜂群买回后最好还有一个主要蜜源开花流蜜，这样即使不能取得商品蜜，至少可以保证蜂群有充足的饲料储备，有利于培育新的适龄越夏或越冬蜂。在南方越夏和北方越冬之前，蜜粉源花期都已结束，不宜购蜂。蜜蜂越夏或越冬需要做细致的准备工作，管理也有一定的难度，管理方法不得当，还可能造成蜂群死亡，此时购买蜂群除了增加饲养管理费用外，还存在因蜂群饲料储备不足导致的死亡的风险。

第三节　养蜂机具

28. 主要养蜂机具有哪些?

主要养蜂机具有：蜂箱、养蜂工作服、面网、起刮刀、喷烟器、蜂刷、饲喂器、割蜜刀、分蜜机、脱粉器、蜂王产卵控制器、巢础等。

29. 怎样选择蜂箱?

蜂箱是蜜蜂生活的地方，蜜蜂常年在蜂箱里生息繁衍、哺育后代、储备食料。蜜蜂需在蜂箱里经历严冬、酷暑，因此要求蜂箱能保温除湿，既有良好的隔热性，又有很好的通风性。由于蜂箱长期放置于露天、日晒雨淋的环境中，转地时蜂箱还要搬动、装订、碰撞，所以要求蜂箱经久耐用。制作蜂箱的木材要坚实、质轻、不易变形，在我国北方以红松、白松、椴木、桐木为宜（图2-4）；南方以杉木为宜。避免选用气味浓烈、易变形开裂的硬杂木制作蜂箱。

图2-4　蜂箱（王瑞生　摄）

蜂箱四壁最好选用整板，若用拼接板必须制成契口（契口缝或裁口缝）拼接，四壁箱角处采用鸿尾榫或直角榫连接。蜂箱表面可涂刷漆或桐油。蜂箱的表面要光滑，没有毛刺，以免饲养操作及运输过程中伤及手脚和衣物。

制造蜂箱时，蜂箱的各个零部件结构和尺寸应符合标准，便于日常管理时交换使用，其他养蜂机具（如分蜜机、巢础、蜂王产卵控制器等）与之配合时，也能运用自如。

如果仅在房前屋后常年定地副业养蜂，蜂箱也可简陋一些，可用其他材料制作蜂箱。

目前，国内普遍使用的蜂箱有：10框标准蜂箱，12框方形蜂箱、卧式蜂箱、中华蜜蜂蜂箱，现在我国养蜂生产中，一般都采用10框标准蜂箱。

30. 怎样选择养蜂工作服及面网？

（1）**养蜂工作服** 养蜂工作服通常采用棉布缝制，有养蜂工作衫和养蜂套服两种。养蜂套服通常制成衣裤连成一体，前面安有纵向长拉链，方便快速着装。养蜂工作衫的下口和袖口都采用松紧带紧口，以防蜜蜂进入，且蜂帽与工作衫连在一起，蜂帽不用时可垂挂于身后，见图2-5。

（2）**面网** 又称面罩，在接触蜂群或管理蜂群时，套于草帽上戴在头上，可使人体的头、面、颈等部位免遭蜜蜂的螫刺，见图2-6。

图2-5 养蜂工作衫（高丽娇 摄）

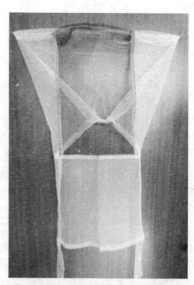

图2-6 面网（高丽娇 摄）

31. 起刮刀有哪些功能？怎样选择？

由于西方蜜蜂喜欢用蜂胶或蜂蜡粘连巢箱和巢框的隙缝，在检查、管理蜂群，进行提脾取蜜等操作时，必须使用起刮刀撬开被粘固的副盖、继箱、隔王板和巢脾等。此外，起刮刀还可用来刮除蜂胶和蜂蜡、清除污物以及钉小钉子、撬铁钉、塞起木框卡等，用途非常广泛，是管理蜂群不可缺少的工具。

起刮刀采用优质钢制作而成，一般长约180毫米，一头宽约20毫米，另一头宽约40毫米；中间宽约20毫米，中间厚3毫米，见图2-7。

图2-7　起刮刀（王瑞生　摄）

32. 怎样选择蜂刷？

蜂刷又称蜂帚，是用来刷除附着在巢脾、育王框、产浆框、箱体及其他蜂具上的蜜蜂的工具。刷柄用不变形的硬木制作，刷毛通常呈双排，嵌毛部分长210毫米，厚度为5~10毫米，刷毛长65毫米，见图2-8。刷毛常用柔韧适中、不易吸水的白色马鬃或马尾制成，不能用黑色、较硬的刷毛代替。使用时应用水将刷毛洗涤干净。

图2-8　蜂刷（王瑞生　摄）

33. 怎样选择饲喂器？

饲喂器是一种用于装贮液体饲料（糖浆或蜂蜜）及水的饲喂蜂群的工具，主要有巢门饲喂器、框梁饲喂器、框式饲喂器、巢底饲喂器和巢顶饲喂器等，前三种饲喂器是目前生产中最常用的饲喂器。

（1）**巢门饲喂器** 由1个广口瓶和1个底座组成。广口瓶可以是玻璃瓶或塑料瓶，可容纳0.5～1千克的液体饲料，螺旋的瓶盖上钻有小孔，以便蜜蜂吮吸饲料。底座用镀锌铁板制作，其上有倒着插入广口瓶的圆台，圆台一边有阶梯状的舌作为通道，可插入不同高度的巢门内。巢门饲喂器价廉物美、操作简便，饲喂时间持久一般在晚间插入巢门内进行奖励饲喂（图2-9）。

（2）**框梁饲喂器** 框梁饲喂器的长度与巢框相同。有适合奖励饲喂的小型饲喂器，也有可装3千克糖浆用于补助饲喂的大型饲喂器，见图2-10。

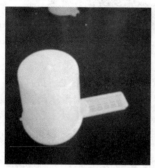 

图2-9　巢门饲喂器（李小凤　摄）　　图2-10　框梁饲喂器（王瑞生　摄）

34. 怎样选择割蜜刀？

割蜜刀是取蜜时用于切除封盖蜜的蜡盖的手持刀具。分离蜂蜜时需使用割蜜刀将蜜脾的蜡盖切除，然后使用分蜜机分离出脾上的蜂蜜。割蜜刀有普通割蜜刀、蒸汽割蜜刀和电热割蜜刀三种。

（1）**普通割蜜刀** 刀身由不锈钢制成，平底，具有双刃，刀身背部隆起，普通刀锋长220毫米、刀宽28毫米，见图2-11。刀刃要尖锐而薄，刀尖也可制成椭圆状、具有刃口。刀柄处弯曲向上呈匙状，目的是更容易切割蜜脾面上某些凹下的蜜盖。这种割蜜刀在使用时由于刀刃是冷的，易被蜜、蜡黏着，可同时使用两把割蜜刀，将其放于长方形贮有热水的金属槽（或桶、盆）中，水温约80℃左右，两把刀子轮流使用。使用烫的割蜜刀切割蜜盖较容易且割蜜刀不会被蜜和蜡黏附，效率高。

图2-11 普通割蜜刀（曹兰 摄）

（2）**蒸汽割蜜刀** 刀身重。由蒸汽发生器提供蒸汽，通入蒸汽加热刀身。

（3）**电热割蜜刀** 刀身重。其内部装有电热元件和控温元件，通电使用时可将刀身温度维持在70～80℃。

35. 怎样选择分蜜机?

分蜜机的类型很多，按动力分为手摇分蜜机和电动分蜜机；按容量分为有2框分蜜机、3框分蜜机、4框分蜜机、8框分蜜机、12框分蜜机、120框分蜜机等；按制作材料分为不锈钢分蜜机、塑料分蜜机；按蜜脾在蜜脾篮架中排列的方式来分为弦式、半辐射式、辐射式、风车式等。下面仅介绍我国目前常用的分蜜机。

（1）**2框换面式分蜜机** 桶身是由镀锌铁板制成的圆桶，直径350毫米、高585毫米、桶底为高60毫米的圆锥形，桶边有出蜜口。桶身上部装有2个提手。

蜜脾篮架装于桶身中间，上梁固定在垂直传动轴上。篮中可同时插入2张蜜脾，呈弦式分布。蜜脾篮对着桶身的一面是大孔的铅丝网，蜂蜜在离心力作用下离开蜜脾，通过铅丝网甩向桶身内壁。

转动手摇把，动力经传动轴使齿轮转动，然后带动垂直传动轴和蜜脾篮转动，蜜脾篮的转动使篮内蜜脾的蜂蜜受离心力作用而甩出，沿桶壁流下。

2框换面式分蜜机结构简单，造价低廉，维护保养方便；体积小、重量轻，便于携带，适合小型转地养蜂场，在我国使用非常普遍。但2框换面式分蜜机因蜜脾弦式排列，分离完蜜脾的一面蜂后，必须将蜜脾提出，换一面再进行分离，工作效率低。

另外，用镀锌板制造的分蜜机易于生锈，这是蜂蜜中游离重金属含量超标的主要原因之一。吴本熙等人于1990年研制成的无污染分蜜机Ⅰ型与Ⅱ型，已在全国推广使用，并批量出口。无污染分蜜机的外桶、蜜脾篮、脾架、挡板、上下篮框均用高强度无毒工程塑料制造，分蜜机中接触蜂蜜的部位均为无毒塑料，避免了蜂蜜的重金属污染。无污染分蜜机的传动机构置于外桶内，手摇把活套在传动轴上，不分蜜时可插入桶内，盖上塑料桶盖，外形美观大方。蜜脾篮主轴安装有小轴承，主轴上的尼龙齿轮传动，转动灵活省力、无噪声。此外，其主要零部件、易损件等均采用装配式，易于更换，弥补了原来的分蜜机因某一零件损坏而废弃整机的缺陷。

（2）2框活转式分蜜机　2框活转式分蜜机也属于弦式分蜜机的一种，是为解决换面式分蜜机必须换面的缺点而设计的。它除蜜脾篮架之外，其他结构与换面式相同。它的蜜脾篮架靠转动轴活套在篮架上，当分离完蜜脾一面的蜂蜜后，只需将蜜脾篮转动90°，无需提出蜜脾换面，就可分离另一面的蜂蜜，工作效率有所提高。但桶身直径（500毫米左右）扩大许多，重量也大，携带不方便，见图2-12。

图2-12　2框活转式分蜜机（曹兰　摄）

（3）辐射式分蜜机　辐射式分蜜机是将蜜脾置于中轴所在的平面上，下梁朝向蜜桶外缘，呈车轮辐条状排列的一类分蜜机。这类分蜜机蜜脾呈车轮辐条状排列，蜜脾两面的蜂蜜能同时分离出来，无需换面。

辐射式分蜜机有8～120框式等多种形式，大都采用电动机驱动，有的还配置有转速控制装置和时间控制装置。而蜜脾转架结构简单，通常设计成具有固定蜜脾的凸出结构或槽口的框架结构，也有框架采用不锈钢弯折而成。

36. 怎样使用脱粉器?

为了收集蜂花粉，迫使回巢的采集蜂通过脱粉装置（脱粉板等）后才能进入蜂巢，其后腿上花粉篮中的大部分花粉团被刮下来掉入集粉盒中，实现花粉收集的工具称为脱粉器，又称花粉截留器、花粉采集器。脱粉器由外壳、脱粉板、落粉板、集粉盒等组成。脱粉板上的脱粉孔有方形、圆形、梅花形等多种形状。按照使用时放置的部位，脱粉器有箱底型与巢门型两大类型，我国目前使用较多的是巢门型。

吴本燕、马器重等人于1986年成功研制出了全塑料的巢门型脱粉器。其所有零部件均用无毒塑料制成，采用组装式结构，使用时落粉板放在集粉盒上，脱粉板插在落粉板上，外壳套于集粉盒两侧壁上部的沟槽内。将装好的脱粉器外壳后下边放在巢门踏板上，外壳后边遮住巢门。工蜂由外壳前面进入脱粉器，穿过脱粉板才能进入巢门。脱粉板上的脱粉孔为圆形，意蜂脱粉板孔径为5.0 ～ 5.1毫米，见图2-13。由于其零部件由工厂注塑成形，尺寸有一定规格，零部件可组装、互换，脱粉效率高，花粉干净，在全国推广使用深受欢迎。

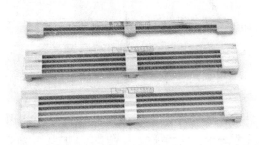

图2-13 脱粉器（王瑞生 摄）

37. 怎样选择蜂王产卵控制器?

蜂王产卵控制器是用于控制蜂王在巢脾上特定区域产卵的器具。器体的外部刚好插入10框蜂箱内,并像巢框一样悬挂在蜂箱内。器体的内部刚好插入1张或2张巢脾。盒形的器体其两正面为隔王栅,栅格间距4.4毫米。蜂王被关在器内不能跑出,而工蜂则可通过隔王栅自由出入,见图2-14。

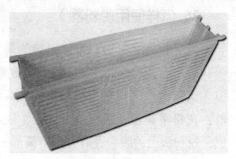

图2-14 蜂王产卵控制器(王瑞生 摄)

38. 什么是巢础? 巢础有哪些种类?

巢础是人工制造的蜜蜂巢房房基,用蜂蜡或无毒塑料等材料制成薄片,通过巢础机压制而成,见图2-15。

(1)按规格用途划分

①薄型巢础与切块巢蜜巢础:又称特浅房巢础。用于生产格子巢蜜、切块巢蜜,配合浅巢框用。

图2-15 巢础(王瑞生 摄)

②普通巢础:又称浅房巢础,房底稍厚,房基稍高。供10框蜂箱使用的规格为高200毫米、长425毫米,每千克18～20片。用于筑造育虫脾或深继箱脾(贮蜂蜜)均可。但蜜蜂筑脾较费时,有时还会将其改造成雄蜂房。

③深房巢础:房底厚,房基高。供10框蜂箱使用的规格为高200毫米、长425毫米,每千克14～16片。用于筑造育虫脾或继箱造脾均可。这种巢础由于房基高,工蜂稍加筑造就成巢脾,改造成

雄蜂房的机会少。

　　我国目前蜂具厂生产出售的巢础以普通巢础与深房巢础为最多。普通巢础一般房底厚0.6～0.7毫米，房壁厚0.5毫米左右，房基高1毫米左右。

　　（2）**按适用的蜂种划分**　我国目前有适合意蜂和适合中蜂的两种巢础。两种巢础的几何形状是一样的，仅是房眼的大小不一样。意蜂个体大，巢础房眼大些；中蜂个体小，房眼小些。意蜂巢础每平方分米两面共有房眼约851个，每个房眼的宽度为5.31毫米；中蜂巢础每平方分米两面共有房眼约1 243个，每个房眼的宽度为4.61毫米。

　　国外还生产一些特种巢础，如嵌线巢础、耐用巢础、三层巢础等。

39. 生产巢础的设备有哪些?

　　（1）**平面巢础压印器**　平面巢础压印器有上下两块具有凹凸的正六角形房底房基的平面阴阳模板，模板固定在木质或金属框架上，用来压印巢础。模板有用木质平板雕刻而成的，也有以一般铸造法或电铸法浇注而成的金属为原料制成的，还有以石膏、环氧树脂或水泥为原料，翻模而成的，其中以水泥为原料，用翻模方法来制造的水泥平面巢础压印器实用性最强。

　　（2）**压光机**　用蘸片法或浇片法产生的蜡片是厚薄不一的，可用压光机将它压制成厚度均一的光蜡片。经过压制的光蜡片再经巢础机轧印，制出的巢础厚薄均匀、韧性强、抗拉强度高。压光机底座架上装有两根平行的辊筒，辊筒由铝合金或高锡合金材料制成，表面非常光滑。蜡片通过两辊筒的间隙而被压制成光蜡片。两辊筒的间隙可以调节。

　　（3）**巢础机**　巢础机能将压光机压成的光蜡片轧印成巢础。巢础机外形与构造和压光机基本相似，所不同的是上下辊筒的表面雕刻有凹凸的正六角形纯工蜂房的房眼。巢础机左端装有调节器，调节器可使上下辊筒的凹凸面正好相吻合，从而压制出整齐标准的巢础。

（4）**其他用具** 熔蜡锅，熔蜡缸，双层蘸蜡锅，蘸蜡板或蜡片盘，脱片池或脱片缸，蜡片夹，切础轮刀。

40. 怎样制作巢础?

（1）**制备蜡液** 将蜂蜡捣碎成鸡蛋大小放入熔蜡锅中，再按锅的大小加1/3的水，加热熔化蜂蜡。蜡液温度不得超过100℃。将熔化好的蜡液舀入熔蜡缸内，滴入少量稀硫酸，静置5～6小时，使蜡中杂质沉于底部，将上层干净的蜡液舀到双层蘸蜡锅中。外锅水温保持在80℃左右，内锅的蜡液温度保持在68～75℃。

（2）**制蜡片**

①木板蘸片法：蘸蜡板垂直插入蜡液中，取出，板的两面各附着一层薄蜡；待蜡稍凝，再插入，重复3～4次。最后一次蘸蜡后，将蘸蜡板放在25～30℃水温的脱片池中，蜡片自动离板，将其平叠于桌上，待轧制光片。

②木盘浇片法：将蜡液浇入放平的蜡片盘内，深度约16毫米。凝固后将木盘放入温水中，取出平叠。

（3）**轧制光片** 蜡片可趁热轧制或浸泡在温水中预热。待蜡片内外全部柔软后，送入压光机，压出的光片在盛有清水的盆中卷成筒状。

（4）**轧制巢础** 将预热好的光片送入两辊筒之间，在另一边用蜡片夹夹住，徐徐拉出巢础片。

（5）**裁切和包装** 将巢础片放在玻璃板上按样板大小裁切，在2片切好的巢础之间放1张纸，每30片包成1盒。

第三章 蜂种与繁殖

第一节 蜜蜂良种选择

41. 全世界已知蜜蜂的种类有哪些?

蜜蜂隶属于节肢动物门、昆虫纲、膜翅目、细腰亚目、蜜蜂总科、蜜蜂科、蜜蜂属。蜜蜂属的主要特点包括后足胫节上无距,巢脾由蜜蜂自身蜡腺分泌的蜂蜡建造而成,巢脾的方向为垂直于地平面,巢脾两面都有六角形的巢房。目前,全世界公认蜜蜂属下拥有独立的蜂种9种,包括黑大蜜蜂、大蜜蜂、小蜜蜂、黑小蜜蜂、绿努蜂、苏拉威西蜂、沙巴蜂、东方蜜蜂、西方蜜蜂。

42. 世界上饲养数量最大的蜂种是什么?

目前,世界上饲养数量最大的蜜蜂为西方蜜蜂(简称西蜂)。西方蜜蜂原产于欧洲、非洲和中东等多个地区,由于其良好的生产性能及人工饲养性能、性格温顺、产卵力强、采集力强等特点,世界各地都已引入饲养,是世界范围内饲养数量最大的蜂种。

43. 我国主要蜜蜂资源有哪些?

我国境内分布有6种蜜蜂,包括黑大蜜蜂、大蜜蜂、黑小蜜蜂、小蜜蜂、东方蜜蜂和西方蜜蜂。其中我国饲养的西方蜜蜂品种有意大利蜜蜂、卡尼鄂拉蜂、东北黑蜂、新疆黑蜂、乌克兰蜂等;

东方蜜蜂品种主要是中华蜜蜂（简称中蜂），中华蜜蜂包括北方中蜂、华南中蜂、华中中蜂、云贵高原中蜂、长白山中蜂、海南中蜂、阿坝中蜂、滇南中蜂和西藏中蜂等地理亚种。

44. 我国主要饲养蜂种有哪些？各有什么特点？

我国饲养的主要蜂种有意大利蜜蜂、卡尼鄂拉蜂、东北黑蜂、新疆黑蜂和中华蜜蜂。

（1）**意大利蜜蜂**　20世纪20年代至30年代，意大利蜜蜂由国外引进国内，目前已经成为我国养蜂生产中的最主要品种。经过了几十年的人工选育与自然选育，意大利蜜蜂已逐渐对我国各地的气候、蜜源条件等产生了极强的适应性，表现出了良好的生产性能及繁殖性能。但由于意大利蜜蜂在我国被大规模的长途转地饲养，控制蜂王交配的难度十分巨大，各地意大利蜜蜂混交严重，致使适宜本地的意大利蜜蜂严重混杂和退化，生产性能受到巨大的影响。

①生物学特性：意大利蜜蜂性格温顺，不怕光，产卵性能强，在春季繁殖期群势发展较平缓，分蜂性较弱，能够维持到较强的群势，工蜂对大宗蜜粉源的采集能力强，泌蜡造脾力强。意大利蜜蜂的吻较长，能够采集较长花管的蜜源花朵。意大利蜜蜂产浆性能、保护蜂脾和清巢能力强。但意大利蜜蜂也存在盗性强，定向能力弱，利用零散蜜源能力弱，易迷巢，饲料消耗比较大，抗蜂螨及幼虫病能力弱等缺点。

②形态特征：意大利蜜蜂的腹部较长、腹板几丁质为黄色，第2～4腹节背板前部具有黄色的环带，以双黄色居多，体表身披黄色、浅黄色的绒毛，中胸小盾片呈黄色。意大利蜜蜂随各个地方的人工选育及杂交，形态特征往往存在一定的差异，人工选育及杂交目的是使其更加适应各个地方的地理环境及生态特征。

（2）**卡尼鄂拉蜂**　卡尼鄂拉蜂原产于马其顿和整个多瑙河流域，包括保加利亚、罗马尼亚、匈牙利、前南斯拉夫和奥地利。卡尼鄂拉蜂于20世纪70年代被引入我国境内，在我国北方饲养数量较多。我国饲养的卡尼鄂拉蜂按其来源分，主要包括奥地利卡蜂、南斯拉夫卡蜂和喀尔巴阡蜂。

①生物学特性：卡尼鄂拉蜂的主要特点是采集性能强，善于利用零星蜜源。在大流蜜期间，卡蜂工蜂的寿命比意大利蜜蜂长7天左右，越冬期间寿命长20～30天。越冬性能较好，可以采用小群越冬，饲料消耗少，越冬蜂存活率为33.1%。卡尼鄂拉蜂（简称卡蜂）性格较为温顺，在蜂群提脾检查的时候较为安静。越冬后的春季，卡尼鄂拉蜂（简称卡蜂）首次采入花粉后就开始繁育幼虫，特别适宜于春季生产。卡蜂定向能力很强，蜂群盗性弱，很少采蜂胶，发生幼虫疾病的概率较低。自身的卫生行为和较短的封盖期能够使卡蜂对抗大蜜螨的能力增强。

②形态特征：卡蜂的腹部细长，蜂体几丁质为黑色，腹部第2和第3背板往往带有棕色的斑纹，部分个体还具有红棕色的环带。绒毛为灰色至灰棕色。

（3）东北黑蜂　东北黑蜂是19世纪末20世纪初由俄国传入我国东北地区的远东蜂后代，分布在中国黑龙江省饶河县，它是在闭锁优越的自然环境里，通过自然选择与人工培育的优良蜂种。其各项生理指标均明显优于世界四大著名蜂种。

①生物学特性：东北黑蜂抗寒、越冬性强，抗病、抗逆性强，性情较温和，不怕光；产育力较强，春季育虫早，蜂群发展较快；维持大群，分蜂性较弱；采集力强，既能利用椴树、毛水苏等主要蜜源生产商品蜜，又善于利用零星蜜粉源；越冬性能好，节省饲料；定向力一般，盗性强；泌蜡能力强，蜜房封盖为中间型。东北黑蜂特别适合我国东北的气候和蜜源特点。

②形态特征：工蜂有2种类型，一种是几丁质全部呈黑色；另一种是第2、3两腹节背板两侧有较小的黄斑，胸部背板上的绒毛为黄褐色。2种类型的工蜂，每一腹节都有较宽的黄褐色毛带，毛带比高加索蜂稍窄些，腹部的第1、2、3节腹片的下缘均为黄色，

第4、5、6节全部呈黑色。

（4）**新疆黑蜂**　别称伊犁黑蜂，是欧洲黑蜂的一个品系，20世纪由当时的俄国传入我国新疆西北部地区，适应了新疆气候和蜜源特点，是我国的一个宝贵蜂种资源。

①生物学特性：新疆黑蜂工蜂采集力强，体型大，抗病、越冬性能好，适应性强，但性情凶暴，不易驯养。

②形态特征：工蜂几丁质均为棕黑色，绒毛为棕灰色。少数工蜂腹部的第2、3背板两侧有小黄斑，吻较短，肘脉指数较小。

（5）**中华蜜蜂**　中华蜜蜂是东方蜜蜂的一个重要亚种，是我国最重要的本土蜜蜂资源之一，也是世界上最早开展养蜂生产的蜜蜂品种之一。由于我国幅员辽阔，中华蜜蜂分布范围较广，随着漫长的进化，中华蜜蜂也逐渐进化出适宜于不同地方的独特的生物学特征及形态特征。

①生物学特性：中华蜜蜂在我国分布范围较广，有野生中蜂和家养中蜂。中蜂行动较为敏捷，嗅觉敏锐，擅于发现和利用环境中的零星蜜粉源。中蜂抗螨性能强。中蜂在低温时安全飞行的临界温度及出巢温度比意蜂低，特别适宜于山区饲养，可用于生产百花蜜。中蜂春秋季节分蜂性强，容易受到巢虫的侵害，清巢能力弱，喜欢新脾，容易发生盗蜂和飞逃现象。蜂王的产卵性能与意蜂相比较弱、吻较短，不能利用深花管的蜜源花朵。

②形态特征：中蜂的个体与意蜂相比要小，工蜂第2和第3腹节背板以黄色环为主，其他部分以黑色为主，全身披褐色绒毛。雄蜂多为黑色，身披褐色绒毛，蜂王体色有全黑、全红和黑背红腹3种。

45. 怎样选择蜜蜂饲养品种？

选择蜜蜂饲养品种主要是依据当地的自然环境资源及养蜂目的等因素进行综合选择。首先需要考虑当地的自然环境、生态条件、蜜粉资源等外界因素，然后则针对养蜂目的、个人养蜂技术水平等最后确定饲养品种。

（1）**当地自然环境** 蜜蜂的饲养需要适宜的环境、充足的蜜粉资源。外界环境是否适宜养蜂生产，是保证养蜂生产效益的重要前提。特别是开展定地饲养或小转地饲养，更是需要注意周边的自然条件，如山区蜂场，受自然条件和地理位置的限制，没有大宗的蜜粉源植物，一般适宜于饲养中蜂。中蜂可以利用山区中的多种零散蜜粉源生产百花蜜，在保证蜂群正常生存发展的同时，也能获得较大的经济效益。我国南方地区无霜期较长，但气候高温高湿，可以采用耐热而不耐寒的意蜂等黄色蜂种，在大规模的转地饲养中，制定适宜的放蜂路线，保证养蜂的效益。北方地区气候寒冷，适宜饲养耐寒不耐热的卡蜂等黑色蜂种。

（2）**养蜂的目的** 由于我国各个地方气候不同，蜜粉源植物也存在较大的差别，主要流蜜植物的花期长短不一、差异较大，加上定地养蜂和转地养蜂等生产方式的差异，在自然环境适宜的前提下，需要按照养蜂的目的来决定饲养的蜜蜂品种。如以生产蜂蜜为主，则应该选择采集能力强，节省饲料，善于利用大宗蜜源也能利用零星蜜源的蜂种，如卡蜂和意蜂的杂交蜂种；若以生产蜂王浆为主，则应选择王浆高产蜂种作为主要饲养品种，以保障获得蜂王浆的高产。然而，在养蜂实际生产中，往往需要兼顾生产蜂蜜、蜂王浆以及其他蜂产品，多选择蜜浆高产的人工培育品种。

近年来，随着现代农业的发展，蜜蜂授粉产业发展迅速，部分地区的蜂农也饲养授粉蜂群进行商业化授粉作业，根据主要授粉农作物的品种与形态特征选择适宜的蜂种进行饲养。

（3）**种群获取难易程度及相关养蜂技术** 在蜂种适宜当地环境与养蜂目的同时，还需要考虑饲养蜂种的获取难易程度和相关养蜂技术。获取的难易程度决定了蜂群的质量，在选择蜂种时严格把握蜂种的质量关，是保证养蜂生产的重要前提，容易获取的蜂种更易于养蜂生产，也更易于适宜当地的环境。相关的养蜂技术也是选择饲养蜂种的重要前提，若为养蜂初学者，且周边没有熟悉养蜂技术的从业人员，则应该选择容易饲养、不易飞逃、抗逆性强的蜂种。而养蜂技术较好的蜂农，则可考虑选择高产品种进行生产。

第二节　蜂王培育技术

46. 怎样挑选种王？

一般来说，生产蜂场的蜂群，其种性都是比较混杂的，不宜留种。应根据当地蜜源条件和气候特点向种蜂场等单位选购适宜的蜂王。若无法购买种王，只能在本场蜂群中挑选种王，挑选种王时则应重点考察蜂群的生产性能是否优良，仔细观察某些重要的形态特征是否一致，只有那些生产性能优良、形态特征比较一致的蜂群中的蜂王才能留作种王。

47. 怎样培育种用雄蜂？

处女王性成熟时，一般在婚飞中与多只雄蜂交尾，并将精子贮于受精囊中，以后不再交尾，因此，必须培育出适龄的雄蜂与其交尾。一般在着手培育处女王前20天左右，就必须开始培育种用雄蜂。在培育种用雄蜂前，事先准备好雄蜂脾，雄蜂脾是专用雄蜂巢础插在强群中修造而成，也可用较老的工蜂脾切去下部的1/2或1/3后，插在强群中修造而成。

为保证处女王的交尾成功率和受精质量，可按1只处女王配50～100只雄蜂的比率来培育种用雄蜂。种用雄蜂应选择有效产卵力高、采集力强、分蜂性弱、抗逆性强、抗病力强和体色比较一致的蜂群作为父群。群势一定要强，饲料充足，必要时需进行奖励饲喂。试验证明，雄蜂个体发育的大小与其幼虫期吃的花粉多少有直接关系，花粉不足，则羽化出房的雄蜂个体小。雄蜂精液中所含精子的数量与幼虫期头3天吃的饲料的质量也有关。

48.怎样人工育王?

人工育王可以通过精选良种、杂交繁育的方式，按照人们的意愿培育适应生产发展和社会需要的品种品系。按计划、定时、定量成批培育蜂王，为人工分蜂、换王、储存蜂王等提供方便。

（1）**哺育群的组织**　哺育群通常称作养王群，必须在移虫前2～3天组织好。为保证处女王遗传学上的稳定性，最好用与母群同种性的蜂群作哺育群。哺育群无论是继箱群还是平箱群，都应达到10脾蜂以上的群势（中蜂5脾），群内要有大量的哺育蜂和采集蜂，蜂数密集，蜂脾相称或蜂多于脾，巢内饲料充足。用隔王板将蜂群分隔成为育王区和蜂王产卵区，继箱群的育王区可设在继箱上。育王框放在育王区中央，紧靠育王框的两侧；一侧放以大幼虫为主的虫卵脾，另一侧放1张大封盖子脾，既可起到保温作用，又可保证哺育蜂集中吐浆饲喂蜂王幼虫。哺育群1次哺育的王台以30个左右为宜。哺育群组织好后，若外界的蜜粉源不理想，每天傍晚需要用糖浆和花粉进行饲喂，直到王台封盖为止。

（2）**选取适龄幼虫脾**　培育处女王应用24小时以内的幼虫，日龄过大的幼虫培育出的处女王卵小管发育较差，质量不好。选择有效产卵力高、采集力强、分蜂性弱，抗逆性强、抗病力强和体色比较一致的蜂群作为母群，从母群中选择王浆充足，幼虫呈新月形的成片幼虫房，便于移虫。为获得足够数量的适龄幼虫，可在移虫前4天从母群中提出1～2张幼虫脾，使蜂数密集，并加进1张已羽化过1次的空脾供蜂王产卵。4天后，取出这张巢脾，这时已孵化的幼虫即为1日龄的幼虫。

试验表明：用较大的卵孵化出的幼虫培育处女王，处女王个体较大，卵小管发育较好。为获得较大的卵，可用框式隔王板将产卵王(最好是老蜂王)限制在只有大幼虫脾、刚封盖的子脾及蜜粉脾上，待8～13日后，加1张空脾让其产卵，这时产的卵较大，用该卵孵化出的幼虫进行移虫养王，则能培育出较高质量的处女王。

（3）**移虫** 移虫工作应在避风、明亮、阳光不直接照射的清洁地方进行，最好是在室内进行。气温要求保持在25～30℃，还应保持一定的湿度。将粘好蜡碗的育王框放在任何一个蜂群中让工蜂清扫2～3小时后，即可取出进行移虫。

移虫分单式移虫和复式移虫2种，单式移虫较简便，但育出的处女王质量一般不如复式移虫好。

单式移虫方法：从母群中提出小幼虫脾，用移虫针将24小时之内的小幼虫轻轻沿其背部钩起，依次移入经工蜂清扫过的蜡碗内。移毕，将育王框插入哺育群的哺育区的2张小幼虫脾之间即可。

复式移虫方法：将经过1天哺育的育王框从哺育群中取出，将育王框上王台内已接受的幼虫用镊子轻轻地取出不用，注意不要搅动王台中的王浆，重新移入母群中24小时之内的小幼虫。移毕，将育王框重新放入哺育群中。在复式移虫过程中，第1次移的虫不一定是母群的，而且幼虫的日龄也可稍大一些；但第2次移的虫一定要是母群的，并且其日龄不能超过24小时。

（4）**移虫后的管理** 将移有幼虫的育王框放入哺育群后，不宜经常开箱检查，以免影响饲喂和保温。1天后取出育王框快速查看一遍，幼虫已被接受的，王台加高，台中王浆增多；未接受的，则王台未加高或被工蜂咬坏，台中没有王浆，幼虫干缩。4天以后进行第2次检查，动作要快，目的是查看王台内幼虫发育情况和王浆含量。第6天再进行1次检查，这时王台应已封盖。若有未封盖的或过于细小的王台，则应淘汰。同时全面检查一下哺育群，发现有自然王台或急造王台，一并毁掉。若接受率太低，与育王计划相差很大，应抓紧时间再移一批虫。

49. 怎样组织交尾群?

组织交尾群前要准备好交尾箱。交尾箱可自己制作，其结构与其他蜂箱相似，仅尺寸较小。也可将普通标准箱，用木制隔离板隔成2～4个小室，前后左右各开1个小巢门，每室可放1～2个巢脾。各室之间分隔要严密，绝对不能有工蜂或蜂王互通的空隙。

移虫后第9天或第10天组织交尾群，交尾群内应有3～5张幼蜂较多的巢脾，包括封盖子脾，蜜、粉脾，也可带些大幼虫。每群分别放入交尾箱的小室内。交尾群安放在有明显标记（树、灌木、石头等)的地方，锄去巢门前的杂草。一般场地宽敞的情况下，2个交尾群间的距离为2～3米。场地有限的情况下，规模化养蜂场，可将交尾群的四面涂上不同颜色，排列成为"～"形，群间距离可为1米左右，这样可以节省场地。

移虫后第10天，将王台割下，分别诱入各交尾群内。诱入时，先在巢脾中部偏上方，用手指按1个长形的凹坑，然后将王台基部嵌入凹坑内，端部朝下，便于处女王出房。诱入前如交尾群内有急造王台，立即毁掉。如连续使用交尾群，前1个已交尾蜂王提走后，马上诱入新的王台，易被工蜂毁掉，欲保护刚移入的新王台可用王台保护器，将王台保护好，再固定在巢脾中上部。育王框或单个王台，切忌倒拿、倒放、丢抛和震动。诱入王台时，两脾之间不要挤压。如发现小而弯曲的王台，应予淘汰。

王台诱入的第2天傍晚，对交尾群普遍检查1次蜂王出房与否，如发现未出房的死王台，毁去后再补入成熟王台。

处女王出房6天后，在天气温暖的中午，飞出箱外进行空中交尾，交尾成功的蜂王尾部带一白色线状物（雄蜂的外生殖器）。交尾后的蜂王腹部开始膨胀，几天后就开始产卵，即成了一只培育成功的蜂王。

第四章 蜜粉源植物

第一节 主要蜜粉源植物

50. 主要蜜源植物和粉源植物有哪些?

凡具有蜜腺而且能分泌甜液并被蜜蜂采集酿造成蜂蜜的植物,称为蜜源植物;能释放较多的花粉,并为蜜蜂采集利用的植物,称为粉源植物。在养蜂实践中将它们通称为蜜源植物。根据泌蜜量、利用程度和毒性,可将蜜源植物分为主要蜜源植物、辅助蜜源植物和有毒蜜源植物。我国幅员辽阔,各类蜜源分布极广,四季均有花开,转地蜂群常年可以采蜜。据统计,我国已被利用的蜜源植物约有近万种。1.0亿公顷耕地上约有蜜源作物0.3亿公顷,0.7亿公顷的森林中有许多优质蜜、粉树种,3.3亿公顷草原上分布有品种繁多的牧草蜜源。

(1)**主要蜜源植物** 指蜜蜂喜欢采集的数量多、分布广、花期长、泌蜜丰富、能够生产商品蜜的植物。主要蜜源植物有刺槐、柑橘、枣树、乌桕、荆条、苕子、枇杷、油菜、五倍子、荔枝、龙眼、向日葵、荞麦等。

(2)**主要粉源植物** 指数量多、花粉丰富、蜜蜂喜采,对养蜂生产和蜜蜂生活有重要影响的植物。花粉是蜜蜂食物蛋白质的唯一营养源,能促进蜜蜂咽头腺和蜡腺发育,提高泌浆力和泌蜡力,提高生活力和抗病力。主要粉源植物有油菜、向日葵、玉米、紫云英、茶花、荷花、玉米等。

很多植物既是蜜源植物也是粉源植物，如油菜、向日葵、紫云英、荞麦。

51. 影响蜜源植物开花泌蜜的主要因素有哪些?

蜜源植物开花泌蜜主要受内在因素和外界因素影响。

（1）内在因素

①遗传基因：每种蜜源植物花蜜的形成、分泌、蜜量、成分和色泽等，都受其亲代遗传基因的制约。据研究，野生蜜源植物的泌蜜量和花蜜成分变化不大；而栽培的蜜源植物不仅有种间差异，而且也有品种内的差异。

②树龄：大多数木本植物要到一定年龄才开花。同一种植物处于不同的年龄，其开花数量、开花迟早、花期长短和泌蜜量大小都有差别。

③长势：同一种植物在同等气候条件下，生长健壮的植株花多、蜜多、花期长；反之，若长势差，则花少、蜜少、花期短。

④花的位置和花序类型：同一植株上的花，由于生长部位不同，其泌蜜量也不同。通常花序下部的花比上部的蜜多；主枝的花比侧枝的花蜜多。

⑤花的性别：花朵性别不同，泌蜜量可能不同。例如，黄瓜的雌花泌蜜比雄花多；香蕉雄花的泌蜜比雌花多。

⑥大小年：许多木本植物都有明显的大小年，如椴树、荔枝、龙眼、乌桕等。通常当年开花多，结果多，第2年开花就少，泌蜜量也少。

⑦蜜腺：蜜腺大小不同，泌蜜量也有差异。如油菜花有2对深绿色的蜜腺，其中1对蜜腺较大，泌蜜最多，另1对小蜜腺泌蜜较少；荔枝和龙眼的蜜腺比无患子发达，泌蜜量也比无患子多。

⑧授粉与受精作用：当植物雌蕊授粉受精以后，由于生理代谢发生改变，多数蜜源植物花蜜的分泌也随之停止。例如，油菜花授粉后18～24小时完成受精作用，花蜜停止分泌；紫苜蓿的小花被

蜂类打开后，花蜜就停止积累。

（2）外界因素

①光照：光是绿色植物进行光合作用和制造养分的基本条件。在一定范围内，植物的光合作用随着光照度的增强而增强。充足的光照条件是促成植物体内糖分形成、积累、转化和分泌花蜜的重要因素。在温带地区蜜源植物开花期，光照的强度和长短影响草本蜜源植物花蜜的产量；而对乔木和灌木而言，由于其花蜜可能来自于贮存的物质，因此，前一个生长季节所接受的光照量会影响本季花蜜的产量。

②气温：生物的一切生命活动，都是在一定的温度条件下进行的。蜜源植物对温度的要求分为高温型、低温型和中温型3种类型。高温型的温度要求在25～35℃，如棉花；低温型10～22℃，如野坝子；中温型20～25℃，如椴树。多数蜜源植物泌蜜需要闷热而潮湿的天气条件。在适宜的范围内，高温有利于糖的形成，低温有利于糖的积累。因此，昼夜温差较大的情况，有利于花蜜分泌。

③水分：水是植物体的重要组成部分，是植物生长发育和开花泌蜜的重要条件。水分在植物摄取营养、维持细胞膨胀压力等方面起着重要作用。秋季雨水充足，使得木本蜜源植物生长旺盛，贮存大量养分，有利于来年泌蜜。春季下过透雨，有利于草本蜜源植物的发芽分化和形成，花期泌蜜量大。

④风：风对植物的开花、泌蜜有直接或间接的影响。风力强大会引起花枝撞击从而损害花朵；干燥冷风或热风会引起蜜腺停止泌蜜，已分泌的花蜜容易干涸；湿润暖和的微风有利于开花泌蜜。

⑤土壤：土壤性质不同，对于植物花蜜分泌有很大影响。植物生长在土质肥沃、疏松，土壤水分和温度适宜的条件下，长势强，泌蜜多。不同的植物对于土壤的酸碱度的反应和要求也不同。如野桂花、茶树等要求土壤的酸碱度在6.7以下才能良好生长和正常开花泌蜜，而枝柳等则要求土壤的酸碱度在7.5～8.5才能良好生长和正常开花泌蜜。多数蜜源农作物和果树适宜在酸碱度为6.7～7.5

的土壤中生长。此外，土壤中的矿物质含量对植物开花泌蜜影响较大。例如，施用适量的钾肥和磷肥，能改善植物的生长发育、促进泌蜜。钾和磷对金鱼草和红三叶草的生长和开花及花蜜的产生等方面有重要作用，这2种元素适当平衡才能使花蜜分泌量大且浓度高。硼能促进花芽分化和提高成花数量，提高花粉的生活力，提高疏导系统的功能，刺激蜜腺分泌花蜜，提高花蜜浓度等。

⑥病虫害：蜜源植物患病和遭遇虫害都会影响长势及泌蜜，同时还会伴随着施药的危害。

52. 刺槐的特征、分布和泌蜜规律是什么？

刺槐别名洋槐，豆科，为落叶乔木，高12～25米；树皮厚，暗色，纹裂多；树叶长25厘米，羽状复叶，由9～19个小叶组成，每个树叶根部有1对1～2毫米长的刺；总状花序，花多为白色，有香气，见图4-1。

图4-1 刺槐花（王瑞生 摄）

刺槐喜湿润肥沃土壤，适应性强，耐旱。分布面积大、区域广，全国面积约114万公顷，主要分布于山东、河北、河南、辽宁、陕西、甘肃、江苏、安徽、山西等地。

刺槐花期在4～6月，因生长地的纬度、海拔高度、局部小气候、土壤、品种等不同而异。花期10～15天，主要泌蜜期7～10天。刺槐泌蜜量大，蜜多粉少，气温20～25℃，无风晴暖天气，泌蜜量最大，每群意蜂1个花期的产蜜量可达30～70千克。影响刺槐泌蜜的因素很多，主要有天气、地形、地势、土质、树龄、树型等，尤其是风对泌蜜影响很大，刺槐花期忌刮大风。刺槐蜜质地浓稠，不易结晶，芳香适口，为蜜中上品。

53. 柑橘的特征、分布和泌蜜规律是什么？

柑橘别名宽皮橘、松皮橘，属芸香科，为常绿小乔木或灌木。

枝通常有棘刺；单叶互生、革质，叶柄有翅或具边，叶柄和叶片有隔痕；花小，单生或成总状花序，少数丛生于叶腋，花为白色；蜜腺位于子房周围的花托上，呈瘤状，深绿色，见图4-2。

图4-2　柑橘花（王瑞生　摄）

柑橘分布区域广，现有20个省份有栽培，面积约6.3万公顷，以广东、湖南、四川、浙江、福建、湖北、江西、广西、台湾等省份面积较大，其次是重庆、云南、贵州，其他省份栽培面积小。

柑橘喜温暖湿润的气候，花期在2～5月，因品种、地区及气候而异，花期20～35天，盛花期10～15天。气温17℃以上开花，20℃以上开花速度快。开花就泌蜜，花冠呈杯状时泌蜜最多，花瓣反曲则泌蜜停止。泌蜜适宜温度22～25℃，相对湿度70%以上。5～10龄树开花泌蜜量最大。开花前降水量充足，开花期间气候温暖，则泌蜜好。干旱期长、开花期间降水量过多或低温、寒潮、北风，则泌蜜少或不泌蜜。开花和泌蜜大小年明显。正常情况下，每群意蜂产蜜10～30千克，有时可高达50千克。柑橘蜜、粉丰富。

54. 枣树的特征、分布和泌蜜规律是什么？

枣树别名红枣、大枣、白蒲枣，属鼠李科。枣树为落叶乔木，高达10米，花3～5朵簇生于脱落性（枣吊）的腋间，为不完全的聚伞花序，花黄色或黄绿色，见图4-3。

枣树在我国数量多，分布广，总面积约43万公顷。枣树主要分布于河北、山东、山西、河南、陕西、甘肃等省的平原地区，其次为安徽、浙江、江苏等省。

枣树耐寒力强，也耐高温、耐旱、耐涝。开花期为5月至7月上旬，因纬度和海拔高度不同而异。日平均温度达20℃时进入始花期，日平均气温在22～25℃以上时进入盛花期，连日高温会加快开花进程、缩短花期，阴雨和低温会延缓开花。群体花期长达35～45天，泌蜜期25～30天。气温26～32℃，相对湿

图4-3　枣树花（王瑞生　摄）

度50%～70%，泌蜜正常；气温低于25℃泌蜜减少，大气相对湿度40%以下，泌蜜少、花蜜浓度高、蜜蜂采集困难。若开花前降水量充足，开花期间适当降雨，则泌蜜量大。雨水过多、连续阴雨天气或高温干旱、刮大风等对开花泌蜜不利。每群蜂可产蜜15～25千克，有时可高达40千克。枣树蜜多粉少。

55. 乌桕的特征、分布和泌蜜规律是什么？

乌桕别名桕子、木梓、木蜡树，属大戟科。乌桕为落叶乔木，高15～20米，穗状花序顶生；乌桕开黄绿色小花，见图4-4。

乌桕主要分布于秦淮河以南各省份及台湾、浙江、四川、重庆、湖北、贵州、湖南、云南，其次是江西、广东、福建、安徽、河南等。

乌桕喜温暖、湿润气候，多数省份乌桕的开花期在6～7月，花期约30

图4-4　乌桕花（王瑞生　摄）

天。泌蜜适宜温度25～32℃，当气温为30℃、相对湿度在70%以上时泌蜜最好；气温高于35℃泌蜜减少，阴天气温低于20℃时停止泌蜜。一天之中，上午9时至下午6时泌蜜，以中午1～3时泌蜜量最大。乌桕花期夜雨日晴，温高湿润，泌蜜量大；阵雨后转晴、温度高，泌蜜仍好；连续阴雨或久旱不雨则泌蜜少或不泌蜜。每群蜂可产蜜20～30千克，丰年可达50千克以上。乌桕蜜、粉丰富。

56. 荆条的特征、分布和泌蜜规律是什么？

荆条别名荆柴、荆子，属马鞭草科。荆条为落叶灌木，高1.5～2.5米，圆锥花絮顶生或腋生，花冠淡紫色，见图4-5。

荆条耐寒、耐旱、耐瘠薄，适应性强。华北是荆条分布的中心，主要产区有辽宁、河北、北京、内蒙古、山东、河南、安徽、陕西、甘肃、四川、重庆等。

荆条开花期在6～8月，主花期约30天。因生长在山

图4-5 荆条花（王瑞生 摄）

区，海拔高度和局部小气候等不同，开花有先后，浅山区比深山区早开花。气温在25～28℃时泌蜜量最大；夜间气温高、湿度大的闷热天气，次日泌蜜量大；上午泌蜜比中午多。每群意蜂可产蜜25～40千克。荆条蜜多粉少。

57. 苕子的特征、分布和泌蜜规律是什么？

苕子别名野豌豆，属豆科。苕子为一年生或多年生草本植物，

总状花序腋生，花冠蓝色或蓝紫色，见图4-6。

图4-6　苕子花（王瑞生　摄）

苕子种类多，分布广。我国约有30种，全国种植面积约67万公顷。苕子主要分布于江苏、广东、陕西、云南、贵州、安徽、四川、湖南、湖北、广西、甘肃等省份，新疆、东北、福建及台湾等省份也有栽培。

苕子耐寒、耐旱、耐瘠薄，适应性强。开花期为3～6月。因种类和地区不同，开花期也不尽相同，一般花期20～25天。气温20℃开始泌蜜，泌蜜适温为24～28℃。每群意蜂产量可达15～40千克。苕子蜜、粉丰富。

58. 枇杷的特征、分布和泌蜜规律是什么？

枇杷别名芦橘，属蔷薇科。枇杷为常绿小乔木，叶呈倒卵圆形至长椭圆形，圆锥花序顶生，花白色，蜜腺位于花筒内周。花粉为黄色，花粉粒呈长球形，见图4-7。

图4-7　枇杷花（王瑞生　摄）

枇杷主要分布于浙江、福建、江苏、安徽、台湾、四川、重庆等省份，为冬季主要蜜源。

开花期在10～12月，开花泌蜜期30～35天，泌蜜适温18～22℃，相对湿度60%～70%，夜凉昼热、南方天气泌蜜多。每群蜂可产蜜5～10千克。

59. 油菜的特征、分布和泌蜜规律是什么?

油菜别名芸薹,属十字花科,为一年或两年生草本植物,茎直立,高0.3 ~ 1.5米,见图4-8。总状花序,顶生或腋生,花一般为黄色,雄蕊外轮的2枚短,内轮的4枚长,内轮雄蕊基部有4个绿色蜜腺。其类型分3种,白菜型,如黄油菜;甘蓝型,如胜利油菜;芥菜型,如辣油菜。

我国油菜栽培面积约为550万公顷,分布区域广。类型品种多,花期因地而异,花期较长,蜜粉丰富,蜜蜂喜欢采集,是我国南方冬春季和北方夏季的主要蜜源植物。我国油菜分布区域广,分布于广东、浙江、福建、广西、贵州、云南、台湾、江西、江苏、上海、湖南、湖北、安徽、四川、重庆、山东、河南、河北、山西、甘肃、宁夏、青海、西藏、新疆、内蒙古、辽宁、黑龙江以及吉林。

油菜流蜜适温24℃左右,一般花期1个月。开花期因品种、栽培期、栽培方式及气候条件等不同而异,一般情况南方地区2 ~ 4月,北方5 ~ 7月,同一地区开花先后顺序依次为白菜型、芥菜型、甘蓝型,白菜型比甘蓝型早开花15 ~ 30天。同一类型中的早、中、晚熟品种花期相差3 ~ 5天。油菜的适应性强,喜土层深厚、土质肥沃而湿润的土壤。开花泌蜜适宜的相对湿度为70% ~ 80%,泌蜜适温为18 ~ 25℃,一天中7 ~ 12时开花数量最多,占当天开花

图4-8　油菜花（王瑞生　摄）

数的75%～80%。开花早的可用来繁殖蜂群，开花晚的可生产大量商品蜜，比较稳产，南方某些地方如遇寒流，阴雨天多，会影响产量。油菜蜜浅黄色，易结晶，蜜质一般。

60. 五倍子的特征、分布和泌蜜规律是什么？

五倍子别名盐肤木，为漆树科落叶灌木或小乔木植物，单数羽状复叶互生，小叶卵形至长圆形。圆锥花絮，萼片阔卵形，花冠黄白色，见图4-9。

图4-9　五倍子花（王瑞生　摄）

五倍子多分布于海拔1400米以下的山谷阴坡。从亚热带至暖温带的山区和丘陵地几乎均有分布，但以长江以南各省份最多。我国除东北、内蒙古和新疆外，其余省区均有分布，湖北、贵州、湖南、陕西、四川、重庆、云南、广东、海南、福建、安徽和台湾等省份有大量分布。

五倍子蜜粉丰富，开花由北向南推迟，湖北地区五倍子于8月中旬开花，海南五指山五倍子则9月下旬才开花；高山先开，低山后开；老树先开，幼树后开；一个花序持续时间6～7天，群体花期25～30天。

61. 荔枝的特征、分布和泌蜜规律是什么？

荔枝别名大荔，属无患子科。荔枝为混合型的聚伞花序，圆锥状排列，有花数十至数千朵，花小，无花瓣。植株和花序上有雄花、雌花、中性花和偶有极少数两性花。雄花的花丝长而外伸，雌蕊不发育而残存，外生花盘蜜腺发达凸起，呈淡黄色或橘红色。雌花的雄蕊花丝很短，花药不开裂，不散出花粉，子房发育正常，呈褐绿色，柱头二裂，外生花盘蜜腺膨凸显露，较雄花更发达。中性花的花丝很短，花药不开裂，雌蕊发育不健全，外生花盘蜜腺肥厚发达。

我国为荔枝的原产地，广东是中国荔枝的主产区，栽培面积和产量均占全国第1位；福建、台湾、广西、海南、四川、云南、浙江和贵州都有栽培。

荔枝喜阳光充足、空气流通、土层深厚而肥沃的酸性土壤，具耐湿性和耐旱性。生长期间要求光照充足，高温高湿，最适温度23 ～ 26℃，遇霜雪易受冻害。花芽分化和形成期要求6 ～ 8周2 ～ 10℃的低温、雨量少、相对湿度低的干燥条件，温度超过19℃不易成花。早、中熟荔枝开花时期在1 ～ 3月，花期约20天，晚熟荔枝在3 ～ 5月，花期约30天，品种多的地区花期长达40 ～ 50天。主要泌蜜期20天左右，泌蜜期长达30 ～ 40天。温暖年份开花早，开花集中且花期缩短，气温低开花期延迟。气温在10℃以上才开花，8℃以下很少开花，18 ～ 25℃开花最盛，泌蜜最多。荔枝夜晚泌蜜，如晴天夜暖，有微南风，相对湿度在80%以上，泌蜜量最大；遇北风或西南风不泌蜜。荔枝开花泌蜜有大小年现象，大年气候正常每群可采蜜30 ～ 50千克。荔枝花蜜多花粉少，不能满足蜂群繁殖的需要。荔枝蜜呈浅琥珀色，结晶乳白色，颗粒细腻，味甜美，香气浓郁，为上等蜜。

62. 龙眼的特征、分布和泌蜜规律是什么?

龙眼为无患子科常绿乔木。栽培的树高5~10米，树冠圆形。偶数羽状复叶，互生，长15 ～ 30厘米；小叶2 ～ 6对，革质，长椭圆形或长椭圆状披针形，先端短尖，基部楔形，全缘，上面暗绿色，有光泽。圆锥花序顶生或腋生，有锈色星状毛；花小，杂性，淡黄色；萼片、花瓣各5瓣；雄蕊8枚，花丝长而外伸。

龙眼为亚热带树种，喜温暖多湿，适生于年均温度20～22℃，年降水量1 000～1 800毫米的环境。我国龙眼主要分布于南方沿海等地，广东省居全国首位，种植面积约8 393.3公顷；其次是福建、广西、台湾等地；四川、云南和贵州南部有少量栽培。

龙眼达到5～6年的树龄开始开花。龙眼蜜腺位于花萼基部，略腋凸，雄蕊、雌蕊均有蜜腺，都能泌蜜，蜜量以雌花最多。泌蜜喜高温高湿，泌蜜量以上午最多，下午渐少。始花期：海南琼山3月中旬，广东广州4月中旬，福建莆田5月上旬，四川泸州5月中旬。花期早晚也因品种而不同，龙眼开花大致分3批：首批雄花开3～7天，转开雌花3～8天，最后再开雄花10多天；第二批雄花开14～16天，转开雌花4～8天，最后开雄花7～8天；末批雌花开3～8天，转开雄花16～20天结束。养蜂生产要切实抓住头两批花，提高产量。

63. 向日葵的特征、分布和泌蜜规律是什么？

向日葵为菊科一年生草本植物，虫媒异花授粉植物，秋季主要蜜粉源植物之一。茎直立，多棱角，粗壮，被硬刚毛，髓部发达。叶互生，呈宽卵形，长15～25厘米，先端渐尖或急尖，基部心形，边缘有粗锯齿，两面被糙毛，具长叶柄。头状花序，单生于茎顶，径20～25厘米，总苞片卵形或卵状披针形，被长硬刚毛；雌花舌状，橙黄色，不结实；两性花管状，花冠5齿裂；雄蕊5枚，聚合花药，见图4-10。

图4-10　向日葵（王瑞生　摄）

向日葵耐寒、耐旱、耐盐碱，适生于土层深厚，腐殖质含量高，结构良好，保肥保水力强的黑钙土、黑土及肥沃的冲积土上。向日葵主要分布于东北、华北及西北，其他地方也有零星分布。

向日葵蜜粉丰富，花期在7～8月，群体花期20～30天。

64. 荞麦的特征、分布和泌蜜规律是什么?

荞麦别名三角麦、蓼科，为一年生草本植物，高0.4～1米，叶互生，叶片近三角形，全缘。花序总状或圆锥状，顶生或腋生，花白色或粉红色，见图4-11。

图4-11 荞麦花（王瑞生 摄）

荞麦耐旱、耐瘠、生育期短，适应性强。我国大部分地区都有栽培，主要分布在西北、东北、华北和西南地区，以甘肃、陕西、内蒙古面积较大，其次是宁夏、山西、辽宁、湖北、江西和云贵高原。

荞麦蜜、粉丰富，总花期长达40天，始花期8天，盛花期24天，末花期8天。开花规律大致是由北向南推迟，早荞麦花期多在7～8月，晚荞麦多在9～10月。泌蜜适温25～28℃。每群意蜂可产蜜30～40千克，最高达50千克以上。

65. 主要粉源植物有什么特征和分布?

我国的粉源植物资源丰富。目前，养蜂者能够组织蜜蜂大量生产商品蜂花粉的作物有油菜、向日葵、玉米、紫云英、茶花、荷花等，其中油菜、向日葵、紫云英、荞麦见蜜源植物的介绍，其他主要粉源植物的特征和分布如下。

（1）玉米 禾本科一年生草本栽培作物，异花授粉植物。全国各地广泛分布，但主要分布于华北、东北和西南地区。玉米不分泌花蜜，但有花粉，是养蜂的主要粉源植物。春玉米6～7月开花;

夏玉米8月至9月上旬开花。花期一般为20多天。玉米开花时，蜜蜂采集花粉活跃。它除了供蜂群内部繁殖外，还可以从中收集大量的蜂花粉，见图4-12。

（2）**茶花** 茶树是多年生灌木，四季常青，在寒冷冬天开花流蜜，是冬季的主要蜜源。一般在9～11月开花流蜜，首先是雄花开放，然后雌雄同开，阳光好的地方先开花，花期长达2个月，蜜粉丰富。花期因品种和各地气候不同各有差异，见图4-13。

（3）**荷花** 睡莲科，多年生浅水性草本植物，是盛夏的优良蜜粉源植物。花两性，颜色有白、粉、淡紫、黄色或间色等，色艳粉香、蜜淡黄且量多，蜂群爱采，开花期在6～9月，其中花色红艳的荷花品种泌蜜、泌粉量较多。由于地域不同和温度差异，低纬度低海拔地区开花早于或花期长于高纬度、高海拔地区，见图4-14。

图4-12 玉米花（王瑞生 摄）

图4-13 茶花（王瑞生 摄）

图4-14 荷花（王瑞生 摄）

第二节 辅助蜜粉源植物

66.什么是辅助蜜粉源植物?

辅助蜜粉源植物又称次要蜜粉源植物,是指具有一定数量,能够分泌花蜜、产生花粉,被蜜蜂采集利用,但仅供蜜蜂维持生活和繁殖用的植物,如瓜类、苹果、梨等。它们有的数量少,呈星散分布;有的虽面积大,但花蜜量很少;有的泌蜜量多,但花期泌蜜期很短,难以采到大量商品蜜。

主要蜜粉源植物和辅助蜜粉源植物在养蜂生产中都很重要,是相辅相成的关系。由于全国各地自然条件千差万别,分布状况有差异,有些蜜源植物的性质也发生了地域性变化,所以同一种蜜粉源植物既属于主要蜜粉源又属于辅助蜜粉源,常根据其在所在地区的数量、分布集中或分散、开花期长短以及泌蜜量大小等不同而定。

67.辅助蜜粉源植物有哪些?怎样分布?

辅助蜜粉源植物在我国分布区域很广,种类也很多。下面仅对一些重要的辅助蜜粉源植物做简单介绍。

(1)**五味子** 别名北五味子、山花椒,五味子科。落叶藤本植物,雌雄同株或异株。花期5～6月,蜜粉较多。分布于湖南、湖北、云南东北部、贵州、四川、江西、江苏、福建、山西、陕西、甘肃等地。

(2)**西瓜** 别名寒瓜,葫芦科。一年生蔓生草本植物,叶片3深裂,裂片又羽状或2回羽状浅裂。花雌雄同株,单生,花冠黄色,见图4-15。花期6～7月,蜜粉较多。全国各地都有栽培。

(3)**黄瓜** 别名胡瓜,葫芦科。一年生蔓生或攀援草本植物,花黄色,雌雄同株,见图4-16。花期5～8月,蜜粉丰富。全国各地都有栽培。

（4）**蒲公英**　别名婆婆丁，菊科。多年生草本植物，花黄色，总苞钟状，顶生头状花序。花期3～5月，蜜粉较丰富。全国各地都有分布。

（5）**益母草**　别名益母蒿，唇形科。一年生或二年生草本植物，轮伞花序，花冠粉红色至紫红色，花萼筒状钟形，见图4-17。花期5～8月，蜜粉较丰富。全国各地都有分布。

（6）**苹果**　蔷薇科。落叶乔木，伞房花序，有花3～7朵，白色。花期4～6月，蜜粉丰富。主要分布于辽东半岛、山东半岛、河南、河北、陕西、山西、四川等地。

（7）**金银花**　别名忍冬、双花，忍冬科。野生藤本，也有人工栽培，叶对生，花初开白色，外带紫斑，后变黄色，花筒状，成对腋生，见图4-18。花期5～6月，泌蜜丰富。分布于全国各地。

（8）**萱草**　别名金针菜、黄花菜，百合科。多年生草本植物，花黄色，花冠漏斗状。花期6～7月，蜜粉丰富。分布于河北、山西、山东、江苏、安徽、云南、四川等省。

（9）**草莓**　别名高丽果、凤梨草莓，蔷薇科。多年生草本植物，花冠白色，聚伞花序，见图4-19。花期5～6月。全国各地都有栽培。

（10）**马尾松**　松科。长绿乔木。马尾松、白皮松、红松等都具有丰富的花粉。花期3～4月，在粉源缺乏的季节，蜜蜂多集中采集松树花粉。除了繁殖、食用外，也可生产蜂花粉。主要分布于淮河流域和汉水流域以南各地。

（11）**油松**　别名红皮松、短叶松，松科。长绿乔木，穗状花序，花期4～5月，有花蜜和花粉。主要分布于东北、山西、甘肃、河北等地。

（12）**杉木**　别名杉，杉科。长绿乔木，花粉量大，花期4～5月。主要分布于长江以南和西南各省，河南桐柏山和安徽大别山也有分布。

（13）**钻天柳**　别名顺河柳，杨柳科。落叶乔木，柔荑花序，雌雄异株。花期5月，蜜粉较多。广泛分布于东北林区和全国各地。

（14）**胡桃**　别名核桃，胡桃科。落叶乔木，柔荑花序，雌雄异株。花期3～4月，花粉较多。全国各地都有分布。

（15）**鹅耳枥**　别名千斤榆、见风干，桦木科。落叶灌木或小乔木，单叶互生，卵形至椭圆形。花单性，雌雄同株，柔荑花序。花期4～5月，花粉丰富。分布于东北、华北、华东、陕西、湖北、四川等地区。

（16）**白桦**　别名桦树、桦木、桦皮树，桦木科。落叶乔木，树皮白色。花单性，雌雄同株，柔荑花絮。花期4～5月，花粉较丰富。主要分布于东北、西北、西南各地。

（17）**鹅掌楸**　别名马褂木，木兰科。落叶乔木，花被9片，内面淡黄色，雄蕊多数。花期4～6月，蜜粉较多。分布于长江以南各省。

（18）**柚**　别名抛，芸香科。常绿乔木，花大，白色，花单生或数朵簇生于叶腋，见图4-20。花期5～6月，蜜粉丰富。主要分布于福建、广西、云南、贵州、广东、四川、江西、湖南、湖北、浙江等地。

（19）**楝树**　别名苦楝、森树，楝科。落叶乔木，花紫色或淡紫色，圆锥花序腋生。花期3～4月，蜜粉较多。分布于华北、南方各地。

（20）**枸杞**　别名仙人杖、狗奶子，茄科。蔓生灌木，花淡紫色，花腋生，花萼钟状，花冠漏斗状。花期5～6月，泌蜜丰富。分布于东北、宁夏、河北、山东、江苏、浙江等地。

（21）**板栗**　别名栗子、毛栗，壳斗科。落叶乔木，花呈浅黄绿色，雌雄同株，单性花，雄花序穗状，直立，雌花着生于雄花序基部，见图4-21。花期5～6月，花期20多天，花粉丰富。在全国各地广泛分布。

（22）**中华猕猴桃**　别名猕猴桃、羊桃、红藤梨，猕猴桃科。

藤本，花开时白色，后转为淡黄色，聚伞花序，花杂性，花期6～7月，蜜粉较多。分布于广东、广西、福建、江西、浙江、江苏、安徽、湖南、湖北、河南、陕西、甘肃、云南、贵州、四川等地。

（23）**李**　别名李子，蔷薇科。小乔木，花冠白色，萼筒钟状。花期3～5月，蜜粉丰富。全国各地都有分布。

（24）**樱桃**　蔷薇科。乔木，花先开放，3～6朵成伞形花序或有梗的总状花序，见图4-22。花期4月，蜜粉多。全国各地都有分布。

（25）**梅**　别名干枝梅、酸梅、梅子，蔷薇科。落叶乔木，少有灌木，花粉红色或白色，单生或2朵簇生。花期3～4月，蜜粉较多。分布于全国各地。

（26）**杏**　别名杏子，蔷薇科。落叶乔木，花单生，白色或粉红色。花期3～4月，蜜粉较多。全国各地都有分布。

（27）**山桃**　别名野桃、花桃，蔷薇科。落叶乔木，花粉红色或白色，单生，见图4-23。花期3～4月，蜜粉丰富。分布于河北、山西、山东、内蒙古、河南、陕西、甘肃、四川、贵州、湖北、江西等地。

（28）**锦鸡儿**　别名柠条，豆科。小灌木，花单生，花萼钟状，花冠黄色。花期4～5月，蜜粉丰富。分布于河北、山西、陕西、山东、江苏、湖北、湖南、江西、贵州、云南、四川、广西等省份。

（29）**沙棘**　别名酸刺、醋柳，胡颓子科。落叶乔木或灌木，花淡黄色，雌雄异株，短总状花序生于前1年枝上。花期3～4月，蜜粉丰富。分布于四川、陕西、山西、河北等地。

（30）**合欢**　别名绒花树、马缨花，豆科。落叶乔木，花淡红色，头状花序，呈伞房状排列，腋生或顶生。花期5～6月，蜜粉较多。分布于河北、江苏、江西、广东、四川等地。

（31）**栾树**　别名栾、黑色叶树，无患子科。落叶乔木，花淡黄色，中心紫色，圆锥花序顶生，见图4-24。花期6～8月，蜜粉丰富。分布于东北、华北、华东、西南、陕西、甘肃等地。

（32）榆 别名家榆、白榆，榆科。落叶乔木，花粉为紫黑色。花期3～4月。分布东北、华北、西北、华东等地。

图4-15 西瓜花（王瑞生 摄）

图4-16 黄瓜花（王瑞生 摄）

图4-17 益母草花（王瑞生 摄）

图4-18 金银花（王瑞生 摄）

图4-19 草莓花（王瑞生 摄）

图4-20 柚子花（王瑞生 摄）

图4-21　板栗花（王瑞生　摄）　　　图4-22　樱桃花（王瑞生　摄）

图4-23　山桃花（王瑞生　摄）　　　图4-24　栾树花（王瑞生　摄）

第三节　有毒蜜源植物

68. 蜜蜂采食有毒蜜源植物以后有哪些症状？

　　有一些植物所产生的花蜜、蜜露或花粉，能使人或蜜蜂出现中毒症状，这些植物称为花蜜、花粉有毒植物。蜜蜂采酿的毒蜜，有的毒性大，有的毒性小，有的对蜜蜂有毒而对人无害，如油茶蜜等；有的对人有毒而对蜜蜂无毒，如南烛蜜、雷公藤蜜等。蜜蜂采食有毒蜜源植物的花蜜和花粉，会使幼虫、成年蜂和蜂王发病、致残和死亡，给养蜂生产造成损失。花蜜、花粉有毒植物种类不同，毒素种类和含量也有差异，因此症状也有差异。蜜蜂采食苦皮藤后腹部胀大，身体痉挛，尾部变黑，吻伸出呈钩状死亡。蜜蜂采食藜芦后发生抽搐、痉挛，有的采集蜂来不及返巢就死亡，并能毒死幼蜂，造成群势急剧下降。蜜蜂采食喜树后，对蜂群危害严重，造成群势急剧下降。蜜蜂采食油茶后，会造成烂子和成年蜂死亡。

69. 人误食有毒蜜以后表现哪些症状?

食用蜂蜜中毒的原因与植物花蜜中所含的有毒成分有关，自然界的植物有一部分是有毒的，蜜蜂若采集有毒植物的花粉酿成蜜，蜜中多会混进有毒物质——生物碱。人误食蜜蜂采集的某些有毒蜜源植物的蜂蜜和花粉后，会出现低热、头晕、恶心、呕吐、腹痛、四肢麻木、口干、食道烧灼痛、肠鸣、食欲不振、心悸、眼花、乏力、胸闷、心跳急剧、呼吸困难等症状，严重者可导致死亡。消费者不要随意购买来源不明的所谓"纯天然、野生"的生蜂蜜。一旦出现中毒症状，应立即就医。

70. 有毒蜜源植物有哪些?

大部分有毒植物的花期较晚，开花期在夏秋季节，入秋以后，则正值有毒植物开花季节，养蜂场选址时应远离有毒蜜源植物的分布地。有毒蜜源植物主要有雷公藤、博落回、藜芦、苦皮藤、钩吻、紫金藤等。

71. 雷公藤的特征、分布和开花规律是什么?

雷公藤别名黄蜡藤、菜虫药、断肠草，为卫矛科藤本灌木。落叶蔓生或攀援状灌木，植株高2～3米。根圆柱状，红褐色。有4～6棱，密被瘤状皮孔及锈色短毛。单叶互生，卵形至宽卵形，边缘有小锯齿。聚伞圆锥花序，顶生或腋生，花小，黄绿色。蒴果未成熟时紫红色，成熟后茶红色，种子黑色，见图4-25。

雷公藤分布于长江以南各地以及华北至东北各地山区。

雷公藤7月中旬至8月下旬开花。泌蜜量大，花粉为黄色，扁

图4-25　雷公藤（王瑞生　摄）

球形，赤道面观为圆形，极面观为3裂或4裂（少数）圆形。若开花期遇到大旱，其他蜜源植物少时，蜜蜂会采集雷公藤的蜜汁而酿成毒蜜。蜜呈深琥珀色，味苦而带涩味。近年来南方山区多次发生人食此蜜中毒事例。

72. 博落回的特征、分布和开花规律是什么？

博落回别名号筒杆、黄薄荷，为罂粟科多年生草本。茎高达2米，全株被白粉，茎上部多分枝，含橙色汁液。叶宽卵形，长5～20厘米，宽5～25厘米，7或9浅裂，边缘波状或具波状牙齿，下面有白粉。圆锥花序，长15～25厘米，具多花；花梗长2～5毫米；萼片2，花黄白色，倒披针状船形；花瓣无；雄蕊20～36

图4-26　博落回（王瑞生　摄）

枚；雌蕊1枚，子房狭长圆形，顶端圆形，基部狭。蒴果扁平，倒披针形或狭倒卵形，长1.7～2.3厘米，成熟后红色，被白粉；种子长圆形，坚硬，表面褐色，有光泽，每果4粒，见图4-26。

博落回生于低山、丘陵、山坡、草地、林缘或荒地。分布于湖南、湖北、江西、浙江、江苏等省。

博落回花期6～7月。蜂蜜和花粉对蜜蜂和人有剧毒，南方山区曾发生人误食此蜜中毒事例。

73. 藜芦的特征、分布和开花规律是什么?

藜芦别名大藜芦、山葱、老汉葱，为百合科多年生草本植物。高约1米，上部被白色绒毛；基部常被有叶鞘腐烂后的残余叶脉，呈黑褐纤维状。地下宿根多数，带肉质须根。叶互生，基生叶阔卵形，长约30厘米，宽4～10厘米，先端渐尖，基部狭成鞘状，全缘。圆锥花序顶生，两性花多着生于花序轴上部，雄花常着生于下部，花冠暗紫色，径1.3～1.5厘米，雄蕊6枚，子房圆形，3室。蒴果，卵状三角形。

藜芦生于林缘、山坡、草甸，通常成片生长。主要分布于东北林区，河北、山东、内蒙古、甘肃、新疆、四川也有分布。

藜芦花期在东北林区为6～7月，蜜粉丰富。花粉椭圆形，赤道面观为扁三角形，极面观为椭圆形。蜜蜂采食后发生抽搐、痉挛，有的采集蜂来不及返巢就死亡，并能毒死幼蜂，造成群势急剧下降。

74. 苦皮藤的特征、分布和开花规律是什么?

苦皮藤别名苦皮树、马断肠，卫矛科藤本灌木。小枝常有4～6锐棱，具皮孔。单叶互生，叶片革质，矩圆状宽卵形或近圆形，长9～16厘米，宽6～11厘米。聚伞圆锥花序顶生，花黄绿色。蒴果黄色，近球形。

苦皮藤主要分布于陕西、甘肃、河南、山东、安徽、江苏、江西、广东、广西、湖南、湖北、四川、贵州、福建北部、云南东北部等地。

苦皮藤开花期为5～6月，花期20～30天。粉多蜜少，花粉呈灰白色，花粉粒呈扁球形或近球形。全株剧毒，蜜蜂采食后腹部胀大，身体痉挛，尾部变黑，喙伸出呈钩状死亡。

75. 钩吻的特征、分布和开花规律是什么？

钩吻别名葫蔓藤、断肠草，马钱科常绿藤木。小枝圆柱形，幼时具纵棱；叶片膜质，卵形、卵状长圆形或卵状披针形，除苞片边缘和花梗幼时被毛外，全株均无毛。种子扁压状椭圆形或肾形，边缘具有不规则齿裂状膜质翅。

钩吻主要分布于广东、海南、广西、云南、贵州、湖南、福建、浙江等地。

钩吻开花期为10月至翌年1月，花期长达60～80天，蜜粉丰富，全株剧毒。

76. 喜树的特征、分布和开花规律是什么？

喜树又叫旱莲木、千丈树，为紫树科落叶乔木。高20～25米。树皮灰色。叶纸质，互生，先端渐尖，基部宽楔形，全缘或呈波状。花单性同株，多花排成头状花序，雌花顶生，雄花腋生；花被淡绿色；花萼边缘有纤毛；雄蕊10，两轮，外轮长；子房下位，花柱2～3裂。瘦果，顶端有宿存花柱，具窄翅，见图4-27。

图4-27　喜树（王瑞生　摄）

喜树多生于海拔1 000米以下的溪流两岸、山坡、谷地、庭园、路旁土壤肥沃湿润处。主要分布于浙江、江西、湖南、湖北、四川、云南、贵州、广西、广东、福建等省份。

喜树花期，浙江温州7～8月。喜树含喜树碱和其他成分。蜜粉有毒，蜜蜂采食头几天蜂群无明显变化，12天后中毒幼蜂遍地爬行，幼虫和蜂王也开始死亡，群势急剧下降，危害极为严重。

第五章　蜂群饲养管理

第一节　饲养管理概述

77. 蜂群的饲养管理包括哪些环节?

蜂群的饲养管理是养蜂生产中经常而普遍运用的管理措施，是养蜂员最基本的操作技能，是养好蜂、夺取高产稳产的重要一环。掌握了蜂群饲养管理技术，养蜂员可根据外界不同的条件和蜂群内部不同的结构，及时、准确地采取有效的管理方法正确处理蜂群。蜂群的饲养管理主要包括蜂群的检查、蜂群的饲喂、巢脾的修造、蜂脾的调整、分蜂热的解除、人工分蜂、蜂群的合并、盗蜂的防止、蜂王的诱入、蜂王的解救、蜂群的偏集处理、蜂群的转地、蜂群的不同阶段管理等技术。

78. 影响蜂群饲养管理的因素有哪些?

影响蜂群管理因素有很多，饲养蜂种、饲养方式、饲养目的、蜂群状况、环境条件以及放蜂密度等都会影响蜂群的饲养管理。

饲养的蜂种对管理影响最大，不同的蜂种有不同的生物学习性，饲养管理必须投其所好因势利导。西方蜜蜂中的意大利蜜蜂、卡尼鄂拉蜂和东方蜜蜂中的中华蜜蜂在习性上有较大的差异，因此在蜂群的饲养管理上也有较大的差异。

饲养方式不同管理重点也不同，定地、转地还是小转地在饲养管理方面有明显的差别。

饲养的目的有很多，有种、育王、授粉、生产不同的产品以及蜂疗等，每种养蜂的目的都会影响到蜂群饲养管理的方案、方法和结果。

蜂群的群势、蜂王质量、所处的时期以及巢内的饲料都影响到蜂群的管理。

外界环境条件中对饲养管理影响最大的是蜜源和气候，蜜粉源丰富且流蜜好是最理想的环境，但在饲养管理过程中如何处理好泌蜜不稳定、植物大小年、泌蜜期天气差、避开有毒蜜源等因素是关键。

放蜂的密度对生产的影响很大，每群蜂需要有一定数量的蜜源，才有生产商品蜜或其他产品的良好条件。如果蜜源不能满足蜂群自身消耗，则蜜蜂就无法生产商品蜜，且蜂群间容易发生盗蜂，给管理增加难度。

第二节　蜂群检查

79. 为什么要进行蜂群检查？

蜂群在经过越冬、繁殖、生产、分蜂、换王、病虫害防治等过程后，蜂群内的工蜂、巢房、饲料、蜂王、病虫害等状况会发生改变。为了准确地掌握蜂群内的情况，必须适时对蜂群进行检查，才能有针对性地采取管理措施解决发现的问题。不同时期检查的目的不一样。检查内容有：蜂王的存亡、产卵及健康状况，脾上蜜、蜂粮、卵、幼虫、蛹的数量及卵、虫、蛹健康状况，雄蜂、工蜂数量及健康状况，各龄蜂的比例，蜂脾关系，工蜂的工作积极性等。

80. 蜂群检查时怎样开箱？

（1）**准备**　开箱前准备好起刮刀、喷烟器、蜂扫等养蜂用具和记录本，戴上面网，穿着浅色服装，在春秋季节气温较低时，扎上

袖口和裤腿防止蜜蜂钻入。从蜂箱侧面
或后面走近蜂群，站在蜂群侧面，背对
太阳，见图5-1。

（2）**揭盖** 取下箱盖，翻转放在箱
后的地面上，如果蜂群比较安静，不需
要喷烟也不必喷水，用起刮刀轻轻撬动
副盖，稍等片刻取下副盖和盖布，翻过
来放在蜂箱巢门前的底板上。把隔板向
外推开或提到箱外，用起刮刀依次插入
两框之间靠近框耳处，轻轻撬动，使粘
连的巢脾松动，即可提出巢脾查看。

图5-1 开箱前做好防护工作
（曹兰 摄）

（3）**提脾** 如果箱内放满了巢脾，先提出第2个巢脾，临时靠
在蜂箱旁边或放在1只空蜂箱内。双手紧握巢框两端的框耳，将巢
脾垂直地提出，使提出巢脾的一面对着视线，与眼睛保持约30厘
米的距离。注意不要与相邻的巢脾和箱壁碰撞，以免挤伤蜜蜂引起
蜜蜂激怒，见图5-2、图5-3。

图5-2 提脾（曹兰 摄）

图5-3 查看巢脾（曹兰 摄）

（4）**转脾** 查看完一面需要看另一面时，先将巢框上梁垂直
地竖起，以上梁为轴使巢脾向外转半个圈，然后再将提住框耳的双
手放平，便可检查另一面查看巢脾和翻转巢脾。翻转过程中巢脾始
终与地面保持垂直，可以防止巢脾里的稀蜜汁和花粉撒落，见图

图5-4 巢框上梁垂直竖起
（曹兰 摄）

图5-5 转脾（曹兰 摄）

5-4、图5-5、图5-6。

（5）**继箱检查** 如果开箱检查的蜂群是继箱群，首先将大盖掀起反放在箱后地面上，将继箱搬下以后以斜角方式搁置在翻转的大盖上，将巢、继箱之间的隔王板揭开放在箱前的地面上，并将其一角搁置在巢门踏板

图5-6 查看巢脾反面（曹兰 摄）

上，先检查巢箱，待巢箱检查完毕后，再将隔王板、继箱复位，随即检查继箱。

（6）**放回** 需要查看的巢脾看完后放回蜂箱，摆好蜂路，还原隔板，盖好副盖和箱盖。

81. 蜂群检查的方法有哪些?

蜂群检查的方法有箱外观察和开箱检查，规模化蜂场蜂群检查主要采用箱外观察，发现问题后再进行开箱检查，开箱检查有局部检查和全面检查。

（1）**箱外观察** 在不适宜开箱检查或无需开箱的情况下，通过对箱外、巢门口的工蜂表现出的特征或现象进行观察分析，推断蜂群内部的蜂群情况的一种检查方法。它的特点是简便、易操作，但检查人员需有丰富的饲养管理经验。

（2）**局部检查** 当蜂群不适宜作全面检查，或者只需要了解蜂群的某些情况时，可提出少数巢脾进行局部检查，并推测蜂群的其他情况。

（3）**全面检查** 对蜂群逐脾进行仔细观察，掌握蜂群的全面情况，并制定有针对性的管理措施。全面检查需要时间较长，对蜂巢的温度和湿度保持和蜜蜂活动有较大影响，这种检查不应太频，以免扰乱蜂群的正常生活秩序，或者引起盗蜂，在开箱前要有明确的目的、准备好各种用具、对蜂群的基本情况做到心中有数。全面检查应该选择风和日丽、气温在15℃以上的时候进行。但是，早春的快速检查只要气温达到9℃以上或者有部分工蜂出巢活动，就可以进行。规模化蜂场在早春繁殖前、分蜂期、流蜜前、越冬前应做1次全面检查。全部检查完后，对检查的结果做好记录。

82. 怎样进行箱外观察?

在不适宜开箱的情况下，或为了节省时间，可通过箱外观察的方法，推断蜂群内部的大致情况。检查的内容主要有箱内贮蜜多少、是否失王、判断群势强弱、自然分蜂的预兆、胡蜂袭击情况、是否起盗、是否有病虫害以及巢内是否闷热等。

（1）**贮蜜** 用手提起蜂箱，如感到沉重，则贮蜜足；反之，则有缺蜜的可能。如看到巢门前有工蜂驱赶雄蜂或拖子现象，则证明蜂群已严重缺蜜。

（2）**是否失王** 在外界有蜜粉源的晴暖天气，如工蜂出入频繁，归巢时带回大量花粉，表示蜂王健在且产卵正常，如工蜂采集懈怠，无花粉带回，有的在巢门前来回爬行或轻轻扇翅，则有失王的嫌疑。

（3）**群势强弱** 在适宜于蜜蜂出巢活动的日子里，若巢门口十分热闹，有许多蜜蜂同时出入，而到傍晚又有大量归巢的蜜蜂簇拥于巢门踏板上，这就是强群的标志。若巢门口显得冷冷清清，出入的蜜蜂明显少于其他蜂群，可推测为群势较弱。

（4）**自然分蜂的预兆** 如白天大部分蜂群出勤很好，而个别蜂群很少有蜜蜂飞出，却簇拥在巢门口前形成"蜂胡子"，则是即将发生自然分蜂的预兆。

（5）**胡蜂袭击情况** 夏、秋两季，如在蜂箱前方突然出现大量伤亡的青、壮年蜂，其中有的无头、有的残翅或断足，表明该蜂群遭受胡蜂袭击。

（6）**是否起盗** 当外界蜜源稀少时，如发现蜂群巢门前秩序紊乱，工蜂三三两两厮杀在一起，地上出现不少腹部卷起的死蜂，就是遭遇盗蜂袭击。有的弱群巢门前，虽不见工蜂抱团厮杀和死蜂的现象，但若发现出入的蜜蜂突然增多，进巢的蜜蜂腹部很小，而出巢的蜜蜂腹部充斥、膨胀，也可以认为是受了盗蜂的袭击。

（7）**农药中毒** 在晴暖无风的日子里，如突然有工蜂在蜂场周围追蜇人、畜，有的在空中盘旋飞翔或在地上翻滚，箱底和箱外出现大量伸吻、钩腹的死蜂，有些死蜂后足上还带有花粉团，便可以断定蜂场附近的蜜粉源植物被喷洒了农药，致使采集蜂中毒死亡。

（8）**蜂螨危害** 在蜂群繁殖季节，如不断发现有一些体格弱小而翅膀残缺的幼蜂爬出巢门不会飞翔，且成蜂体上也发现有蜂螨，则是螨害所致。

（9）**蜂群腹泻** 在巢门前如发现有蜜蜂体色特别深暗、腹部膨大、飞翔困难、行动迟缓，并在蜂箱周围排泄出稀薄而恶臭的粪便，则是腹泻所害。

（10）**巢内拥挤、闷热** 盛夏季节的傍晚，如部分蜜蜂不愿进巢，却在巢门周围聚集成堆，说明巢内已过于拥挤、闷热。

83.怎样进行蜂群局部检查?

为了了解蜂群的某些情况，只需提出部分巢脾检查即可。

（1）**贮蜜量** 只需查看边脾有无存蜜或巢脾的上角部位有无封盖蜜即可，若有蜜，就表示巢内贮蜜充足。

（2）**蜂王情况**　只需提中央巢脾，若未见蜂王，但巢房里有卵（立卵*）或小幼虫，说明该蜂王健在；若不见蜂王，又无各龄卵、幼虫或脾，却见有工蜂在巢脾上或框顶上惊慌扇翅，这就是失王征兆；若发现巢脾上的卵分布极不整齐，一个巢房里有几粒卵，而且东倒西歪，这说明失王已久，工蜂已产卵；如蜂王和一房多卵现象并存，这说明蜂王已经衰老或存在生理缺陷。

（3）**蜂脾关系**　蜂脾关系决定蜂群是否需要加脾或者抽脾，主要看蜜蜂在巢内的分布密度和蜂王产卵力的高低，通常抽查隔板内侧的第2个巢脾，就可作出判断。若蜜蜂在该巢脾上的附着面积达80%或90%以上，蜂王的产卵圈已扩展到边缘巢房，且边脾是蜜脾，就需要及早加脾；若该巢脾上蜜蜂稀疏，巢房里不见卵子，则应适当抽脾，紧缩蜂巢。

（4）**蜂子发育状况**　蜂巢的靠中部位，提一两个巢脾进行观察，如果幼虫滋润、丰满、鲜亮，封盖子脾整齐，即发育正常；若幼虫干瘪，甚至变色、变形或出现异臭，整个子脾上的卵、虫、封盖子混杂，说明蜂子发育不良或患幼虫病。

84.怎样进行蜂群全面检查？

为了全面掌握蜂群的情况，对蜂群逐框进行仔细观察，以便进行有针对性的管理。

（1）**蜂王**　蜂王的有无和优劣，除按照局部检查产卵情况是否正常外，还应观察蜂王爬行是否稳健，是否存在拖腹、张翅等情况。

（2）**脾上情况**　逐脾提出，查看脾上工蜂、封盖子脾、未封盖子脾、蜜脾、粉脾等情况；查清子脾数量，饲料是否充足，蜂脾关系，病敌害等情况；分蜂季节还须了解是否有自然王台和分蜂征兆；流蜜期必须掌握进蜜、贮蜜及蜂蜜的成熟情况。

（3）**记录**　全部检查完后，对检查的结果作相应记录。

---

*　刚产的卵呈直立状，后逐渐卧倒。——编者注

85. 检查蜂群时怎样预防蜜蜂螫刺?

检查蜂群前，要穿浅色长袖衣裤，系好袖口和裤脚，戴好蜂帽。身上不要有浓烈的酒、蒜、葱、香水等刺激性气味。打开蜂箱大盖、副盖和覆布时要轻稳，避免较大幅度震动。提脾前先用起刮刀撬松巢框，提脾要轻缓，放脾要慢，不要压死框耳下的蜜蜂。如果揭开覆布时蜜蜂躁动不安，可稍停片刻，让工蜂情绪安定一下再检查；也可手持一支点燃的香烟或香，轻烟会震慑蜜蜂，使之安静。检查有性情暴烈蜜蜂的个别蜂群时，也可事先准备好喷烟器，开箱后，先对着框架上喷些烟雾，然后再逐脾检查。蜂群发生农药中毒时，蜜蜂性情比较暴躁，此时应尽量少开箱检查。

第三节　蜂群饲喂

86. 蜂群在什么情况下需要饲喂? 饲喂哪些营养物质?

因外界气候、自然环境等原因，蜜蜂无法从野外获得足够的营养，或为了促进蜜蜂的繁殖，保证蜂群健康等目的，需要给蜂群饲喂蜜蜂生长必需的营养物质。

蜂群主要饲喂糖（蜜）水、花粉、水、盐等营养物质。

87. 蜂群饲喂糖浆或蜂蜜有哪些方式?

蜂群的糖浆或蜂蜜饲喂方式有补助饲喂和奖励饲喂两种方式。

（1）补助饲喂　用高浓度蜂蜜或糖浆在短时期内给缺蜜的蜂群大量补充饲料的饲喂方式。在春繁期、越冬后和其他较长时间的缺蜜期都应给蜂群进行补助饲喂。补饲是以成熟蜜2.5～3千克或优质白糖1.5～2千克，兑水1千克的比例配制，以文火化开，待放凉到30～40℃后，装入饲喂器或空脾内，于傍晚时饲喂。每次每群1～2千克，连喂数次，直至补足为止。对于弱群，用蜂蜜或糖浆饲喂，易引起盗蜂，须加入蜜脾予以补饲。若无准备好的蜜脾，可先补喂强群，然后再用强群的蜜脾补给弱群。

（2）**奖励饲喂**　为了刺激蜂王产卵和提高工蜂哺育幼虫的积极性，用稀薄蜜水或糖浆饲喂蜂群。在春季、秋季，为了迅速壮大群势或进行人工育王，都必须进行奖励饲喂。春季奖励饲喂，应于主要流蜜期到来前4～5天，或外界出现粉源前1周开始；秋季奖励饲喂，应于培育适龄越冬蜂阶段进行；人工育王时奖励饲喂，应在组织好哺育群后就开始奖励饲喂，直到王台封盖为止。奖励饲喂是以成熟蜜2千克或白糖1千克，加净水1千克的比例配制，每日每群喂给0.5～1千克。饲喂次数以不影响蜂王产卵为原则。为了引导蜜蜂授粉，也对蜂群奖励饲喂带花香的蜂蜜或糖浆，糖浆的调制只需加入用花浸制的蜜、水即可。

88.怎样给蜂群饲喂花粉或花粉代用品？

饲喂花粉是在外界粉源不足或早春外界无粉时，给蜂群补喂花粉或花粉代用品。

（1）**花粉**　饲喂花粉的方法是将贮存的粉脾，喷上稀蜜水或糖浆，加入巢内供蜜蜂食用。若无贮备的粉脾，可将各种天然花粉盛于容器中，在花粉表面喷些蜜水或糖浆，然后放在蜂场适当的位置上，供蜜蜂采集。在周围蜂场较多或易发生盗蜂的时期，也可用蜜水或糖浆把花粉调制成团状，直接抹在靠近蜂团的巢脾上或放在框梁上供蜜蜂食用。饲喂外来蜂场的花粉一定要先将花粉消毒，方法是将花粉加适量水，捏成团，放入蒸锅蒸30分钟，待凉后再饲喂蜜蜂，避免传播蜜蜂疾病。

（2）**花粉代用品**　饲喂花粉代用品的方法是将奶粉、黄豆粉、酵母粉等按质量比1∶2.5∶1的比例加入约10倍的糖浆中，经煮沸待凉后，于傍晚倒入饲喂器中，结合喂糖进行饲喂。喂量一般以第2天蜂群完全采食完为宜，喂量过大，容易导致饲料发酵变质。

也可购买市场上专用的代用花粉进行饲喂。

89. 怎样给蜂群喂水、喂盐?

喂水则是在蜂群采水不便,或早春和晚秋外界气温较低时,为减少蜜蜂工作负担,人工设置喂水器或其他设施,提高蜜蜂采水效率的方法。蜜蜂生长发育还需要一定的无机盐,一般可从花粉和花蜜中获得,但也可添加在饮水中进行饲喂。

饲喂方法:在早春和晚秋采用巢门喂水,即在每个蜂群巢门前放1个盛有干净饮水的小瓶,将1根纱条或脱脂棉条的一端放在水里,另一端放在巢门内,使蜜蜂在巢门前即可饮水。平时应在蜂场上设置公共饮水器,如木盆、瓦盆、瓷盆之类的盛水器具,或在地面上挖个坑,坑内铺上塑料薄膜,然后装水,在水面放枯枝、薄木片等物,以免蜜蜂饮水时掉落淹死。在蜂群转地的时候,为了给蜂喂水,可在空脾内灌上清水,放在蜂巢外侧;在运输途中,可常用喷雾器向巢门喷水。干燥地区越冬的蜂群常因饲料蜜结晶,需要喂水。无论采取哪一种方法喂水,器具和水一定要洁净,同时可加入0.5%(质量比)食盐。

第四节 巢脾修造和排列

90. 何时修造巢脾? 怎样修造?

(1)**造脾的条件** 外界蜜源植物大流蜜,蜂群有扩大蜂巢的愿望,且达到一定群势,巢内有大量泌蜡能力强的青年工蜂和充足的蜜粉饲料,是蜂群造脾的最佳时机。大流蜜期开始,巢内拥挤、出现赘脾、有自然分蜂情绪的蜂群,都是修造优质新脾的理想蜂群。

(2)**造脾方法** 当蜂群内巢脾上、框梁上出现白蜡,蜂箱中出现赘脾时，就可以进行造脾，见图5-7。造脾时，将巢础安装固定完好后的巢脾，两面喷上新鲜蜜水，加在蜜、粉脾与子脾之间，一般每群1次加入1个巢础框，蜂路完全靠拢，以免

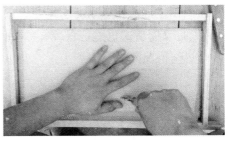

图5-7　安装巢础

脾间空隙太大，蜜蜂造脾不整齐和造赘脾。在大流蜜期间，强群1次可加入2～3个巢础框，造好脾后，可更换老巢脾，供蜂王产卵和贮蜜。大量造脾时，对有些蜂群不能将巢础造到边角的，可调换到造得好、造得快的蜂群中。一面造好后，要及时将巢框换面。巢础脱离铅丝的要立即压回，脾歪斜的要及时推正。巢础被咬破的要及时补全。雄蜂房过多的，可把有雄蜂房的部分换掉，补1块新巢础，加到新产卵的弱群中去修造。

91. 怎样处理和保管巢脾？

从蜂群中退出来多余的巢脾，保存不好易发霉、积尘、受巢虫咬蛀。保管不当还会引起盗蜂和鼠害等。巢脾从蜂群中撤出后，应及时对染病巢脾予以消毒或淘汰化蜡，其余巢脾按蜜脾、粉脾、空脾分类装箱，保存于清洁、干燥、密闭性较好的仓库中。刚摇完蜜的巢脾在收存前，一定要让工蜂吸净巢房内的存蜜，刮净巢框上的蜂胶、蜡瘤、粪便，挑出其上的少量幼虫和封盖子。特别在存放前，要对巢虫进行严格防治，防治方法有二氧化硫熏杀、二硫化碳熏蒸以及乙酸（冰醋酸）熏蒸。

（1）**二氧化硫熏杀法**　用一带窗口的空巢箱作底，上面放5～6层继箱，巢箱中放上一陶质容器。第1层继箱只放6张巢脾，中间留空，为硫黄安全燃烧提供空间。第2～6层继箱各放8～9张巢脾，箱体间用纸糊严。按每个继箱3～5克硫黄粉量，将硫黄粉放入容器，并加入数块燃烧的木炭，二氧化硫气体会立即产生，

并充满箱体，杀死蜡螟的幼虫和成虫。由于二氧化硫气体不能杀死卵和蛹，2周后需再熏1～2次。熏杀过程中，要通过继箱窗口观察木炭燃烧情况，直至熄灭为止，以防火灾。

（2）二硫化碳熏蒸法　二硫化碳常温下可气化，能杀死巢虫的卵、幼虫和成虫。防治一次即可，方便易行。方法是：在蜂箱上叠放5～6层继箱，每层放8～9张巢脾，最上层放6张巢脾，中间空出部分放一容器或吸水性强的厚纸盛放液体二硫化碳，用量为每个箱体3毫升。利用二硫化碳自然挥发，密度比空气大而自然下沉的特点，从上往下熏杀。注意箱体间缝隙要用纸糊严。二硫化碳对人体有毒、易燃，放药时，人要站在上风口并戴口罩，不要靠近火源。

（3）冰醋酸熏蒸法　用80%～98%的冰醋酸，每箱10～20毫升洒在布条上，密闭熏蒸3～5天，可有效杀死蜡螟的幼虫和卵，但不能杀死蛹和成蛾，熏蒸前应清除蜂箱内蜡螟的蛹和成蛾。

92. 繁殖期怎样布置蜂巢?

蜂群的繁殖期就是蜂内有大量的卵或幼虫阶段，一般分为春季、夏季和秋季繁殖期，在这期间，蜂王每天不停地产卵，工蜂在不停地哺育幼虫。繁殖期，蜂王产卵一般喜欢在蜂巢中央部位的巢脾上，蜂巢的中央部位为子脾，靠边缘为粉脾和蜜脾。根据这一特性，蜂巢一般布置成两边侧为蜜脾，向蜂巢中央依次放置新封盖蛹脾、幼虫脾、卵脾和老蛹脾。这样布置蜂巢既可有效保护对温度变化最为敏感的幼虫，又便于蜂群管理。正出房的老蛹脾被布置在蜂巢中央，巢脾上不断有新蜂出房，蜂王能很快在空巢房中产卵。待下次检查蜂群时，新蛹脾变为老蛹脾，卵脾变为虫脾，虫脾则变为新蛹脾，而老蛹脾变为卵虫脾。这时把两边的老蛹脾调入中间，其他巢脾依次外移，这样管理起来，方便、有条理，又适合蜂群生物学特性，便于蜂王产卵。

93. 什么叫蜂脾关系?

蜂脾关系是蜜蜂在巢脾上栖附的密度，是表示蜂数和脾数的比例关系。一般1张标准的郎氏蜂箱蜂脾两面爬满应有意蜂3 000只。人们常习惯于将蜂脾关系分成：蜂多于脾、蜂略多于脾、蜂脾相称、脾略多于蜂和脾多于蜂几种。每张巢脾的两面爬有蜜蜂约3 000只时，称蜂脾相称；多于3 000只时，且达到3 900只以上时，称蜂多于脾；在3 300 ~ 3 600只时，称蜂略多于脾；而少于3 000只时，则称脾多于蜂。

94. 怎样掌握不同时期的蜂脾关系?

在蜂群管理中采取什么样的蜂脾关系，必须根据气候、蜜粉源和蜂群内部的状况灵活掌握。早春蜂群繁殖初期，气温较低，且不稳定，为了提高蜂群的保温能力，应密集群势，使蜂多于脾。随着气温的回升，新蜂逐渐出房，蜂群进入增殖期，蜂脾关系可逐步调整为蜂略多于脾和蜂脾相称。气温稳定，外界蜜源流蜜，蜂群进入强盛期，为了给蜂群降温防止分蜂，蜂脾关系可调整为脾略多于蜂或脾多于蜂。采蜜期过后，群势下降，蜂脾关系宜调整为蜂脾相称。进入秋繁后，由于气温下降，蜜源条件差，为防止盗蜂和加强保温，培育健康越冬蜂，蜂脾关系应调整成蜂略多于脾。而整个越冬期，应尽量保持蜂脾相称。

第五节　分蜂和分蜂热解除

95. 什么是分蜂?

分蜂是蜜蜂群体自然繁衍的一种本能，蜜蜂群体自然增殖的唯一方式，对蜜蜂种群的繁荣意义重大。分蜂活动可使蜂群数量增加和分布区域扩大，促进蜜蜂种群繁荣。

（1）**自然分蜂** 在蜜粉源丰富、气候适宜、蜂群强盛的条件下，原群蜂王连同大半的工蜂以及部分雄蜂飞离原巢、另择新居的群体活动，称为自然分蜂。虽然分蜂活动可使蜂群数量增加和分布区域扩大，但是，在分蜂的准备期间蜂群呈"怠工"状态，减少采集、造脾和育虫，限制蜂王产卵，分蜂对养蜂生产影响很大。如果自然分蜂发生，未将分蜂团收回，将使原群的群势损失一半以上。

（2）**人工分蜂** 人工分蜂又称人工分群，它是增加蜂群数量、扩大生产的基本方法，是将一群或几群蜂人为地抽出蜜粉脾、子脾、蜂脾，组成两群或多个新蜂群的过程。人工分蜂能按计划，在最适宜的时期繁殖新蜂群，原群和分出群在主要流蜜期都能发展成为强群，从而达到增加蜂群数量，扩大生产能力，增加蜂产品产量的目的。个别蜂群发生分蜂热时，可以及时采取人工分蜂的方法把蜂群分开，能够制止蜂群发生自然分蜂，避免收捕的麻烦和分蜂群飞逃的损失。

96. 怎样处理自然分蜂?

处理分蜂蜂群是蜜蜂饲养管理中的重要技术之一。

（1）如自然分蜂刚刚开始，蜂王尚未飞离蜂巢，可立即关闭巢门，打开蜂箱大盖，从纱盖上向蜂巢内喷些水，让蜂群安静下来。蜂群安静后开箱检查，找到老蜂王，用王笼把蜂王扣在巢脾上，并毁掉巢脾上的所有王台。在原群旁放1个继箱，箱内放入几张空脾，1张卵虫脾，1张蜜粉脾，将扣王脾提入空箱，并放出蜂王，组成一个临时的分蜂群。这样飞出的工蜂会自然飞回，过几天待蜂王恢复产卵后，再并入原蜂群。

（2）如果蜂王已随工蜂飞出蜂巢，并在附近树枝上或建筑物上结团，应等其结团后，及时进行收捕。

具体收捕方法是：利用蜜蜂向上的习性，使用收蜂笼收捕。蜂笼里可绑上一小块巢脾，巢脾上面涂抹蜂蜜，将蜂笼罩于蜂团上方，避免晃动和抖动，用蜂帚、蒿草或带叶的树枝，从蜂团下部轻轻扫动蜜蜂，催蜂进笼。开始时动作要慢，有一部分蜜蜂进入收蜂笼便可加快驱赶速度。待蜂团全部进笼后，再将蜂团抖入准备好了的蜂箱内。如果蜂团结得较高，人无法接近时，可用长竿将蜂笼挂起，靠在蜂团的上方，待蜂团入笼后，轻而稳地取下蜂笼。也用一根长竿子绑上有少量蜜的巢脾，举至贴近蜂团的上方，招引蜜蜂爬上巢脾。爬满蜂后，取下巢脾检查是否有蜂王，并将其放入一事先准备好的空蜂箱内，盖上纱盖，关上巢门。同样方法再去招引其他蜜蜂，直至把蜂王招引到巢脾上。发现蜂王后，用王笼扣住蜂王，连巢脾一起放入空蜂箱内，打开巢门，其他工蜂会自然飞来。如果蜂团结在小树枝上，可轻轻锯断树枝，直接抖入箱内。在新分出的蜂群中加入1张卵虫脾、1张蜜粉脾，放置一个适当的位置，便形成了一个新蜂群。

对于原群，要及时检查调整，抽出多余空脾，选留1只最好的王台，毁掉其余王台。如正值大流蜜期，可毁掉原群所有王台，过1～2天，待蜂王恢复产卵后，与原群合并。

97. 怎样进行人工分蜂？

人工分蜂有单群均等平分法、单群非均等分群法、单群分出多群法和混合分蜂法。

（1）**单群均等平分法**　是常见的人工分蜂法之一。具体做法是：把原蜂群向一侧挪开一个箱位，放入一个干净的空蜂箱，接着把原群里的一半子脾、蜜脾、粉脾连同蜜蜂提出放到空蜂箱里去，其中一群的蜂王为原来的老王，另一群的蜂王是分蜂后诱入的王台或新王。

（2）**单群非均等分群法**　把一群分为不相等的两群，其中一群仍保持强群，另一群为小群，把老王留在强群内，给小群诱入1只产卵王，也可诱入1个成熟王台，或1只处女蜂王。具体做法是：从一个强群里提出部分老封盖子脾、蜜粉脾，连蜂一起放入一个空箱内，组成一个3～4张脾的无王群，搬离原群较远的地方，缩小巢门，过1天之后，诱入一个优质产卵王或成熟王台，或处女王即可。分出后第2天，应进行一次检查，如发现老蜂飞回原群而蜂量不足，可从原群抽调部分幼蜂补充。补蜂宜在傍晚进行，减少盗蜂发生。

（3）**单群分出多群法** 将一个强群分为若干小群，每群2～3张脾，由1张蜜、粉脾和1～2张子脾组成。保留着老王的原群留在原址，其他小群诱入1只处女王或成熟王台，待处女王交尾成功后，就成为独立的蜂群。

（4）**混合分群法** 将若干个强群中的一些带蜂的成熟封盖子脾、蜜粉脾，搭配在一起组成一个新分群。有老王的原群留在原址，新分群诱入1只处女蜂王或1个成熟王台，待处女王交尾成功后，就成为独立的蜂群。

98.什么是分蜂热？产生原因是什么？

（1）**分蜂热** 在蜜蜂的养殖过程中，当蜂群中的工蜂及子脾达到一定数量时，巢内出现许多过剩的哺育工蜂，而外界温度又比较高的时候，这时蜂群将会发生自然分蜂。在分蜂的准备期间蜂群减少采集、造脾和育虫，甚至停产。工蜂怠工待分蜂，这种"怠工"状态被称为分蜂热。

（2）**特征** 当巢脾上出现雄蜂房，工蜂大量培育雄蜂；工蜂怠工，常在巢脾下方或巢门前，互相挂吊成串，形成所谓"蜂胡子"；巢脾下沿出现王台基，见图5-8，老王在台基内产卵育王；蜂王停止产卵，腹部逐渐缩小等现象时，即是即将出现自然分蜂的征兆。

图5-8 自然王台

（3）产生原因

①内因：蜂群种性表现为分蜂性强，不能维持强群；群势过于强大，哺育蜂过剩，蜂群强壮、青幼年蜂多，哺育力过剩，哺育蜂分泌的蜂王浆不能被完全利用，造成营养积累；巢内贮存粉蜜过足；蜂王衰老，释放的蜂王物质减少，部分工蜂卵巢发育，骚动不安，产生了分蜂的情绪，开始筑造王台。

②外因：蜂巢内蜂多拥挤，蜂巢窄小，不能造脾扩大蜂巢，缺少供蜂王产卵和蜜蜂栖息的地方；巢内闷热，巢内空气流通不畅，巢温过高；外界气温适合蜂群的分蜂增殖，粉蜜源充裕，分蜂出去不会挨饿受冻。

蜂群一旦产生了分蜂热后，蜂王产卵量显著下降，蜂群的生产力严重下降，如遇外界蜜源大流蜜期，对蜂产品的生产十分不利，必须解除分蜂热。

99. 怎样预防和消除分蜂热？

预防和消除分蜂热应从管理入手，尽量给蜂王创造多产卵的条件，增加哺育蜂的工作负担，调动工蜂采蜜、育虫的积极性。

（1）**疏散幼蜂**　流蜜季节，如已出现自然王台，在中午幼蜂出巢试飞时，应迅速将蜂箱移开，提出有王台和雄蜂较多的巢脾，割去雄蜂房房盖，杀死雄蜂幼虫，放入未出现自然分蜂热的群内去修补。在原箱位置放一个弱群，幼蜂飞入弱群后，再将各箱移回原位，既增强了弱群的群势，也可消除"分蜂热"。

（2）**抽调封盖子脾**　当蜂群达到一定群势时，在发生分蜂热前，分批抽调1～2脾封盖子脾，连同幼蜂一起加入弱群，同时加空脾供蜂王产卵或与弱群里的虫、卵脾进行交换，增加工蜂的哺育工作量。

（3）**采取降温措施**　炎热季节，采用扩大巢门、改善蜂群通风、遮阳、给蜂箱洒水降温等措施，对控制分蜂热也有一定作用。

（4）**生产蜂王浆**　连续地加入王浆框，充分利用工蜂的哺育能力生产蜂王浆，也可降低分蜂热。

（5）**适时取蜜** 当蜜压子圈时，应及时摇取蜂蜜，扩大蜂王产卵圈，增加工蜂的哺育工作量。

（6）**早育王，早分蜂** 蜂群已经产生分蜂热，王台已经封盖，如坚持破坏王台，只是拖延分蜂时间。王台破坏后，工蜂立刻会再造，造成工蜂长期消极怠工，蜂王长期停产，不利于蜂群发展，影响蜂产品生产。因此，应及早培育蜂王，加速繁殖，尽快扩大群势，有计划地尽早进行人工分蜂。

（7）**选育良种，早换王** 应采用人工育王的方法，选择场内分蜂性弱、能维持强群的蜂群作为父、母群，培育良种蜂王；及时换去老劣蜂王，新蜂王产卵力强、不易发生分蜂热，因此，每年至少应换一次蜂王，常年保持群内是新王，便能维持大群，控制分蜂热。

第六节　蜂群合并

100. 为什么要进行蜂群合并？

在规模化养蜂过程中，失王、快速繁殖或越冬时较弱的蜂群应及时并群。早春合并弱群，可加速蜂群增长；晚秋合并弱群，可保证安全越冬；大流蜜期合并弱群，使其成为强群，有利于增加蜂产品的产量；断蜜期合并弱群，有利于节约饲料和防止盗蜂；失王群如无法诱入蜂王时进行合并，可防止工蜂产卵。

101. 合并蜂群的原则是什么？

蜂群的合并应遵循弱群并入强群、无王群并入有王群、就近合并、有病群不能和无病群合并等原则。合并的蜂群强弱不均，则应将弱群合并于强群，也可取强群的一部分并入弱群。对于失王已久，巢内老蜂多、子脾少的蜂群，需先补给 1～2 张卵虫脾，将产卵工蜂、急造王台除去之后，才能进行合并。若合并的两个蜂群是无王群和有王群，应将无王群并入有王群。若合并的蜂群都有王，须在合并的前1～2天，将其中质量较差的蜂王淘汰或提走。如合并的蜂群相距太远，要预先逐渐使蜂群相互靠拢并列在一起后再合并。

102. 蜂群合并成功的关键是什么？

合并蜂群难度大，稍有不慎便会引发蜜蜂之间的厮杀，使众多蜜蜂死于非命。这是由于不同蜂群的群味不同，蜜蜂凭借灵敏的嗅觉，能够敏锐地辨别自己的伙伴和他群的成员，警惕地守卫自己的蜂巢，如果把两个蜂群任意合并在一起，就会引起互相斗杀。成功合并蜂群的关键在于将蜂群群味混合。混合并群与被合并群之间的群味，有自然因素的作用（如蜜粉源），也有人为的效果（如某种有特殊气味的物质）。值得注意的是，人为使用特殊气味的物质应尽量选用清淡的种类，用量也不宜过多，以放蒜泥为例，每次每群3～5克足矣。

103. 合并蜂群的方法是什么？

蜂群的合并有直接合并和间接合并两种方法。

（1）**直接合并法** 适合大流蜜期。将A蜂群逐渐移至B蜂群的一侧，将A蜂群的蜂王捉出，再连蜂带脾提出放入B蜂群的蜂箱一侧，中间间隔一定距离，并用保温板暂时隔开。过1～2天后，两群蜂的气味混合后，抽出保温板，将两群的巢脾靠拢即可。也可将蜜水、酒或香水等洒入箱内，混合两群气味，再行合并，则较为安全。

（2）**间接合并法** 适用于缺蜜期的蜂群、失王过久的蜂群或巢内老蜂多而子脾少的蜂群合并。合并前，先在A蜂群的巢箱上加一个铁纱副盖和一个继箱，然后把B群蜂王捉出，连蜂带脾提到A群继箱内，盖好箱盖，1~2天后，拿去铁纱副盖，将继箱上的巢脾提入箱内，撤去继箱即可。也可以在巢箱和继箱中间用报纸隔开，让工蜂自行咬开报纸混合气味后，将继箱上的巢脾提入箱内，撤去继箱即可。

中蜂的蜂群合并尽量采用间接合并法。

第七节 盗蜂防止

104.什么是盗蜂? 盗蜂有什么特征?

（1）盗蜂 进入他群或贮蜜场所采集蜂蜜的工蜂。在蜜粉源缺乏的季节，有些蜂群的工蜂会趁其他的蜂群戒守不严，进入他群，偷盗蜂蜜。

（2）盗蜂的特征

①出去做盗的蜜蜂多为老蜂，体表绒毛较少，油亮而呈黑色，飞翔时躲躲闪闪，神态慌张，飞至被盗群前，不敢大胆面对守卫蜂，当被守卫蜂抓住时，试图挣脱。

②做盗群的工蜂出工早，收工晚。

③巢门前有三三两两的工蜂抱团撕咬，一些工蜂被咬死或肢体残缺，这群蜂则是被盗了。也有和平盗的特殊情况，工蜂间不抱团撕咬，蜂群间存在串箱偷蜜现象。

④外界蜜源不多，被盗群巢门进出工蜂较多，且工蜂进巢前腹部较小、出巢时腹部膨大，吃足了蜜，飞行较慢则发生了和平盗。

105.怎样预防盗蜂的发生?

盗蜂产生的原因较多，预防应从以下多方面入手。

（1）选择蜜粉源丰富的场地 当外界蜜粉源短缺时，外勤蜂缺少了工作的对象，本能驱使它们到处寻找可以带回蜂巢的蜜和粉，这时候偷盗行为最容易发生。因此选择蜜源丰富的场地，是预防盗蜂的关键。

（2）**加强饲养管理**　在断蜜期，要缩小蜂箱巢门，糊严箱缝。检查蜂群应在蜜蜂停止飞翔时进行，目的明确、速度要快；盗蜂多发时尽量不在白天开箱检查；检查蜂王和饲料储备应根据经验迅速作出判断，目的达到后立即停止检查，恢复原状；在傍晚加脾饲喂，先喂大群后喂小群。箱外或场地上如果洒有蜜汁或糖浆，及时用布擦净或用土盖严。不给蜂群饲喂气味浓的蜂蜜和不用芳香药物治螨。定地饲养的蜂群摆放不应太密集。

（3）**保持蜂群内有充足的饲料**　俗语说得好——"饥饿起盗心"，所以充足的饲料也是止盗的一个好方法。蜂群内的饲料储备对蜂群的采集力有较大的影响。

（4）**合理调整蜂群，保证蜂脾相称**　合理的蜂脾关系是防止盗蜂的一个行之有效的办法，群内蜜蜂充足，有大量保卫蜂，可减少外来蜂的偷袭，这样才不易发生盗蜂。

（5）**更换成盗性弱的蜂种**　蜜蜂的盗性与遗传因素相关，由于种间差异、种内差异、长期近交、种性混杂等诸多因素而引起的盗蜂是非常常见的，所以一旦蜂场形成盗性种蜂，就要及时换种，减少由于种性而引起的盗蜂。

（6）**保管好蜂蜜**　蜂巢、蜂蜡和蜂蜜切勿放在室外，不要把蜂蜜或糖水洒散在蜂场内。

（7）**中西蜂保持一定距离**　中蜂和西蜂最好不要同场饲养，西蜂场应远离中蜂场。

106.发生盗蜂时怎样处理?

一旦出现盗蜂，应立即缩小被盗群的巢门，用树枝、青草掩盖，或安上防盗巢门，并在被盗群的巢门前喷洒煤油、樟脑油或放置卫生球等驱避剂。如还不能制止，就必须找到做盗群，关闭其巢门，捉走蜂王，造成做盗群蜜蜂不安而失去盗性。或将被盗蜂群迁至5千米之外，在原处放一空箱，让盗蜂无蜜可盗，空腹而归，失去盗性。如果已经全场起盗，则应果断搬迁场址，将蜂群迁至5千米以外的有蜜源的地方，盗蜂自然消失。

第八节　蜂王诱入和解救

107. 什么是蜂群失王？怎样判断蜂群失王？

（1）**蜂群失王**　蜂群失去蜂王，称为无王群。在养蜂生产中，由于管理等原因，蜂群因偶然事故，例如受盗蜂攻击、蜂群中发生围王、进行婚飞的处女王误入他群、提脾检查或脱蜂不慎使蜂王掉落箱外，等等，都可能使蜂群失王，特别是中蜂蜂群易发生失王。

（2）**失王特征**　当蜂群内出现工蜂情绪不安，在巢内和巢门口寻找蜂王，巢内工作秩序混乱；巢脾出现急造王台；巢内出现工蜂产卵，卵被产在巢房壁上或一房数卵，且极不整齐等现象时，就可判断蜂群失王。

108. 怎样处理失王蜂群？

失王的蜂群要做一次全面检查，根据脾上卵、幼虫及蛹的情况判断失王的时间。对失王不久的蜂群，如未出现工蜂产卵，可先毁掉群内的急造王台，及时给失王蜂群介绍一只王或王台。对失王较久，蜂群内已无卵虫，甚至出现工蜂产卵的蜂群，将蜂群移到约100米外，原处放一空蜂箱，提入1张幼虫脾，轻轻抖掉巢脾的蜜蜂，未产卵工蜂会飞回原地，产卵工蜂一般不会离开巢脾，除去产卵工蜂后再介绍一个产卵王。介绍成功后，若巢脾上仍有工蜂所产的卵，可用稀糖水浇灌这些巢房。如蜂场无储备王或王台，应将失王群就近并入他群。

109. 怎样诱入蜂王或王台？

在组织新蜂群、更换老劣蜂王、蜂群失王、组织交尾群、人工授精或引进良种蜂王时，都需要诱入蜂王或王台。如处理不当，常发生工蜂围杀蜂王或啃食王台现象。诱入蜂王有直接诱入和间接诱入两种方法，王台一般直接诱入。

（1）**直接诱入法**　在蜜源植物大流蜜期，无王群容易接受外来产卵王，可将其直接诱入蜂群。具体做法是：傍晚，给蜂王身上喷上少量蜜水，轻轻放在巢脾的蜂路间，让其自行爬上巢脾；或将交尾群内已交配、产卵的蜂王，用直接合并蜂群的方法，连脾带王直接并入失王群内。

（2）**间接诱入法**　此法就是将诱入的蜂王暂时关进诱入器内，扣在巢脾上，经过一段时间再将蜂王放出来的一种诱入方法，此法比较安全。诱入器一般用铁纱做成，安放时，应放在巢脾有蜜处，以免蜂王受饿。

（3）**王台的诱入**　人工分蜂、组织交尾群或失王群，都要诱入王台。管理过程中最好是诱入成熟台，成熟台即人工育移虫后第10天的王台。诱入前，必须将蜂王捉走1天以上，蜂群产生失王情绪后，再将成熟王台割下，用手指轻轻地将其压入巢脾的蜜、粉圈与子圈交界处，王台的尖端应保持朝下的垂直状态，紧贴巢脾。诱入后，如工蜂接受，就会加固和保护。第2天，处女王从王台出房，经过交配，产卵成功后，蜂王诱入工作完成。

（4）**注意事项**　更换老劣蜂王，要提前1天将淘汰王从群内捉走，再诱入新王；无王群诱入蜂王前，要将巢内的急造王台全部毁除；强群诱入蜂王时，要先把蜂群迁离原址，使部分老蜂从巢中分离出去后，再诱入蜂王，较为安全；缺乏蜜源时诱入蜂王，应提前2～3天用蜂蜜或糖浆喂蜂群；蜂王诱入后，不要频繁开箱，以免蜂王受惊而被围；如蜂王受围，应立即解救。

110. 什么是围王？怎样解救被围的蜂王？

（1）**围王**　在异常情况下，蜂王被工蜂所包围，并形成一个小的蜂团，并伴以撕咬蜂王的现象，如解救不及时，蜂王就会因此受伤致残，甚至死亡。围王现象在合并蜂群、诱入蜂王、蜂王交配后错投他群或发生盗蜂时常发生，主要由于蜂王散发的气味与原群不同，工蜂不接受所引起。

（2）解救　向围王工蜂喷水、喷烟或将蜂团投入水中，使工蜂散开，救出蜂王。切不可用手或用棍去拨开蜂团，这样工蜂越围越紧，很快就会把蜂王咬死。

救出的蜂王要仔细检查，如肢体完好、行动仍很矫健者，可放入蜂王诱入器，扣在蜂脾上，待完全被工蜂接受后再放出；如果肢体已经伤残，应立即淘汰。

第九节　蜂群偏集的处理

111. 什么是蜂群偏集？

蜂群偏集主要是由于相邻蜂群的外勤蜂因认错蜂巢所致，如早春排泄、场地改变、排列拥挤、更换蜂箱等都容易造成外勤蜂迷巢，从而导致蜂群相对集中进入某一蜂群的现象。蜂群一般往上风向、地势高处、蜂群飞翔活动中心、光亮处、产卵力强的蜂王所在群等方向偏集。产生偏集后，偏集的蜂群群势变强，而另一些蜂群群势迅速减弱。

112. 如何预防和处理蜂群偏集？

（1）预防　预防蜂群偏集，要针对蜜蜂产生偏集的原因来采取措施。

①避风向阳：应注意选择地势平坦、开阔、蜂场前方无障碍物的场地摆放蜂群。摆放蜂群时，巢门口背风、向阳；并且蜂箱的排与排、列与列间的距离要尽可能大，尽量避免将蜂箱逆风紧密排列。如果受地势等影响，蜂群无法完全背风，可在上风向一侧，设

置防风屏障，如砌起一道挡风墙等。也可尽量将群势较弱的蜂群摆放在上风向处。

②巢门向心：转地的临时蜂场，如场地拥挤，可将蜂箱围成一圈排列，巢门朝向中心。

③箱前涂色：定地蜂场，为使蜜蜂容易辨认蜂巢，可在蜂箱前涂以不同颜色，并使不同颜色错落分开，使相邻蜂箱较易区别。双箱并列摆放的蜂群，除蜂箱前面有不同的颜色外，两个蜂群的蜂王品种、年龄和产卵力也应尽可能接近。

④双王群：双王同箱饲养的双王群，其蜂王年龄、产卵力等更要接近。否则，易出现偏集现象。在双王群的两巢门间立一块砖或木板，可有效防止蜜蜂偏集。

（2）**处理**　在采取了预防蜂群偏集的措施后，蜂群仍发生了偏集，可根据具体情况对偏集蜂群采取具体的调整措施。

①单王群调整：早春蜂群搬出越冬室，蜜蜂在排泄飞翔后发生偏集，可以直接将偏多蜂群的蜜蜂调还给蜜蜂偏离的蜂群。调整时，将偏多蜂群的带蜂巢脾提出，放置在需补还蜂群的隔板外侧。使脾上的蜜蜂自行进入隔板内。如果蜂场中，一个蜂群的蜜蜂偏多，相邻两边的蜂群蜜蜂偏少。在蜜蜂出巢后，可暂时将偏多蜂群的巢门关闭，或在其巢门前设置蜜蜂进巢的障碍，如挡一草帘等，迫使蜜蜂飞进相邻蜂群。数次后可起到较好的调节作用。

②双王群调整：双王同箱的双王群，如果发生偏集，在群势较弱、气温较低的初春，可将蜂多的一边蜜蜂直接抖入较少的一边，并在较靠近蜂多的一边巢门旁立一块砖或木板，使蜂少的一边巢门前较为开阔，同时关小蜂多一边的巢门，开大蜂少一边的巢门，可有效调节飞回蜜蜂进入两巢门的数量。也可在蜜蜂出巢后暂时关闭偏多蜜蜂一边的巢门，使蜜蜂进入偏少的一边。待蜂群强盛后，便可通过蜂群调整的方法，来平衡群势。在外界蜜源条件较好的季节，可以把偏多和偏少的蜂群互相换箱位，使强群外勤蜂进入弱群，同样可起到平衡偏集蜂的目的。

第十节　蜂群转地饲养

113. 什么是转地饲养？为什么要转地饲养？

转地饲养，又叫转地放蜂，是蜂农将蜂群从一个地方运往另一个地方，进行繁殖、采蜜或授粉，增加养蜂收益的一种生产方式。我国大部分西方蜜蜂蜂场都进行有目的的转地饲养，中蜂也可以进行短途小转地饲养。转地饲养是为了充分利用不同地域和不同流蜜期的蜜源资源或为农作物授粉。

114. 转地放蜂前要做好哪些准备工作？

（1）**确定转地位置**　首先要明确是长途转地，还是短途转地，其次是选择一个理想的放蜂场地，转地目的地蜜粉源植物应丰富、长势良好、流蜜稳定、花期长。根据蜜源的调查情况，确定放置蜂群的场地。根据放蜂场地的蜜源流蜜期，确定转地的日期，联系好转运车辆。

（2）**调整蜂群**　于转地前2～3天，对蜂群进行最后检查，合并无王群，均衡调整群势。群势太强容易在转运途中闷死蜜蜂或坠脾，群势太弱运到新址后难以恢复和发展群势。

（3）**检查与包装**　调整完蜂群后，便可包装蜂群，即将巢脾与蜂箱固定，继箱与巢箱固定。同时检查蜂箱是否结实，纱窗、纱帘通气性能是否良好。转运前一天傍晚，关闭巢门。

（4）**物资准备**　根据转地路途的长短，补足饲料，避免蜜蜂在途中饿死，但所留饲料不宜过多。喂蜜时应喂浓度较高的清洁蜜，切忌喂稀薄蜜，否则途中蜜蜂会产生"热虚脱"死亡。同时准备好转运途中及到场后所使用的必要用具，如喷雾器、面网、起刮刀、取蜜机、铁锤、铁钉及其他生产用具。

（5）**装车** 强群放在通风较好的车辆前部或侧面。

115. 蜂群转运途中怎样管理？

短途放蜂，用汽车装运，比较简单方便。但在夏季运蜂，要傍晚装车，夜里行走，以防止转运蜂群内部温度过高，闷死蜜蜂。走山路、土路时，车速要慢，减少震动。白天行车中途需要就餐、休息停车时，要把车停在树荫下，停车时间要尽可能短。注意通风，适时喂水。

如果长途运蜂，途中管理工作要复杂得多，需夜行日宿。特别是夏季长途运蜂，气温高，蜜蜂就会奔向纱窗，把纱窗堵死，箱内空气不能流通，蜜蜂大量取食蜂蜜，活动加剧，群内温度升高，易造成蜜蜂死亡。严重时，巢脾溶化，全群覆没。因此长途转运，可开巢门运蜂，放走老蜂，不会造成巢门堵蜂。停车时，把蜂箱搬下来放在树阴、水源好的地方，让蜜蜂飞翔一天，晚上再走。

转运途中，一定要注意适时喂水，加强通风，避光降温。若发现强群蜜蜂堵塞气窗，上颚死咬铁纱，发出吱吱声和特异气味，说明蜜蜂正处于被闷死的前夕，要毫不犹豫地快速打开巢门或捅破气窗，把骚动的老蜂放走，以免全群覆灭。

116. 我国转地放蜂的路线有哪些？

转地路线是指全年蜂群繁殖、生产所经过的各放蜂场地的线路。放蜂路线应从蜜粉源价值、气候条件、路程远近、运输方式和费用等各方面进行综合考虑。应在周密调查的基础上，进行分析决定，切不要道听途说，草率盲目进行。我国的主要放蜂路线有东线、中线、西线和南线。

（1）**东线** 该转地放蜂路线为福建、广东-安徽、浙江-江苏-山东-辽宁-吉林-黑龙江-内蒙古，转地距离为4 000～5 000千米。元旦前后，北方的蜂群到福建、广东等地繁殖；2月底3月初到江西、安徽南部采油菜、紫云英蜜；3月下旬至

4月中旬到浙江、苏南、苏北和皖北等地采油菜、紫云英蜜；4月底至5月初在苏北、鲁南等地采苕子、刺槐蜜或到河北采刺槐蜜；5月底至6月初到黑龙江、吉林等地，利用山花繁殖，投入7月的椴树花期生产；8月底至9月初到辽宁、内蒙古采向日葵蜜；到11月前后逐步南运休整。也有少数蜂群留在北方越冬，直到12月再南下繁殖。

（2）中线　该转地放蜂路线为广东、广西－江西、湖南－湖北－河南－河北、北京－内蒙古。蜂群在12月或翌年1月初，到广东、广西利用油菜、紫云英繁殖；3月上、中旬到湖南、湖北采油菜、紫云英蜜；4月下旬到河南采刺槐蜜；6月到河南新郑一带采枣花蜜；6月底至7月初，到北京、辽宁、山西中部等地采荆条蜜，或去山西北部采木樨蜜，也有到内蒙古、山西大同采油菜、百里香和云芥蜜的，紧接着是采当地或附近的荞麦蜜；8月底荞麦结束后，可采取东线的方式就地越冬或南运休整。

（3）西线　该转地放蜂路线为云南－四川－陕西－青海（宁夏、内蒙古）－新疆。蜂群于12月到云南、广西或广东湛江一带，利用油菜、紫云英繁殖复壮；于翌年2月下旬至3月上旬，到成都平原采油菜蜜；4月运往汉中盆地或甘肃省内采油菜蜜；5月采狼牙刺、洋槐、苜蓿、山花蜜；7月进入青海采油菜蜜，或到新疆吐鲁番采棉花蜜；8月到甘肃、宁夏、陕西北部和内蒙古采荞麦蜜，或就近在甘肃张掖等祁连山脚下采香薷蜜。以上采蜜期结束后，个别蜂场南运四川、云南采野坝子等蜜源。大部分蜂场和东线一样南运休整，还有一部分蜂场于1月、2月直接到四川繁殖，就地采油菜、紫云英蜜，4月底加入西线。该路线的特点是以西北的蜜源为主，西北省份的主要蜜源大多是夏秋季开花，泌蜜稳定，是全国的蜂蜜高产区。

（4）南线　该转地放蜂路线为福建－安徽－江西－湖南－湖北－河南。走这条路线的多是浙江、福建的蜂场，它们在本地越冬后，于2月下旬转到江西或安徽两省的南部采油菜蜜；4月初到湖南北部、江西中部采紫云英蜜；5月进入湖北采荆条蜜，或从湖南、江西转入河南采刺槐、枣花、芝麻蜜；于7月底转回湖北江汉平原或湖南洞庭湖平原采棉花蜜。大部分蜂场南运休整，部分蜂场可留在湖北越冬。

117. 西南地区转地放蜂的路线有哪些?

西南地区地域广阔、地形地貌复杂，有四川盆地、云贵高原、青藏高原及丘陵分布。西南地区由于海拔高低悬殊，立体气候明显，有"坝下盛花，高山孕蕾"之说，且气候温和湿润，所以蜜源植物十分丰富，在该区域能进行小转地生产。西南地区主要放蜂路线有：

（1）**滇东北-河口、思茅、版纳线**　1～2月罗平油菜春繁和生产，3月就近转泸西、路南、弥勒、师宗等县采狼牙刺蜜和光叶紫花苕蜜，此花期结束后，一部分蜂场沿昆（明）河（口）公路进入滇东南河口县橡胶场地，另一部分转入滇西南思茅、西双版纳橡胶树场地。为了提早进入橡胶场地，也可以不采狼牙刺蜜和绿肥而直接进入橡胶场地。橡胶花期结束后，退到滇东南砚山、丘北、文山、广南、马关、富宁、弥勒、泸西等地南瓜、玉米、荞麦场地越夏和秋繁，冬季就在这些地区采集野坝子、野藿香等冬季蜜源。

（2）**滇中-思茅、版纳线**　1～3月上旬在玉溪、通海、江川、石屏、建水采蚕豆、油菜蜜进行春繁，在楚雄、双柏、景东、镇源、新平、景谷就近采杜鹃花属植物及其他蜜源植物进行春繁和生产，3月中旬沿昆洛公路进入思茅、西双版纳橡胶场地。橡胶花期结束后，退回春繁各县，利用玉米、南瓜及其他辅助蜜源越夏，利用荞麦秋繁，就近进入野坝子场地进行冬蜜生产。在思茅和西双版纳，橡胶花期结束后，可利用当地益母草（持续至7月）、咖啡进行越夏和生产，10月利用柃木繁殖，但秋季蜜少，饲养困难。

（3）**滇西-德宏、临沧线**　1～3月上旬在滇西腾冲、盈江、梁河、丽江、永胜等县的油菜场地春繁和生产，3月中旬就近进入盈江、瑞丽、畹町、潞西及临沧地区的橡胶场地，橡胶花期结束后转入双柏、新平、楚雄及滇西各地越夏和秋繁及冬蜜（野坝子）生产，10～12月一部分蜂场继续转入大姚、姚安、永胜、元谋采野坝子蜜。腾冲、潞西等地还有大量的柃属植物和野坝子供冬季生产。

（4）四川-重庆、贵州线　3月上旬至4月上旬采完成都、德阳等地区的油菜蜜后转至达州采油菜蜜（4月中旬至下旬），采完油菜蜜就近在大巴山采刺槐蜜和山花蜜（5月至6月上旬）或重庆采柑橘蜜之后再到贵州采乌桕蜜，采完后上高山采五倍子蜜越夏，到10月返回四川或重庆繁殖。

（5）川南-川西线　11月、12月采完云南楚雄或四川西昌的野坝子蜜、萝卜花蜜和早油菜蜜后到云南昆明、玉溪、陆良、宜良或四川的米易、会东、隆昌、泸县再采油菜蜜（1～2月），然后到四川的乐山、夹江、眉山、峨眉、资阳、简阳、乐至等地采油菜蜜（2月下旬至3月中旬），再到四川绵阳或广元等地区采油菜蜜（3月下旬至4月下旬）。采完油菜蜜就近在大巴山采刺槐蜜和山花蜜（5月至6月上旬），之后再到四川的阿坝、若尔盖、红原采水菠菜蜜（8月上旬至下旬），采完后到汶川一带山区采野藿香、野菊花蜜（9月至10月上旬），采完后返回繁殖。

第十一节　蜂群春季繁殖管理技术

118. 为什么要加强早春蜂群管理？有哪些主要工作？

早春是一年当中蜂群群势最弱阶段，蜂群越冬结束进入春繁期，因此早春是蜂群管理中最主要、最复杂的一个阶段。特别是早春气温不稳定，如果管理措施得当，就会加速蜂群的繁殖和发展；反之，则会延缓蜂群的发展时间，耽误蜂群繁殖，甚至使蜜蜂患病。

春季具有蜂群发展的适宜条件：产卵力强盛的蜂王，适当的群势，充足粉、蜜饲料，数量足够的供蜂王产卵的巢脾，良好的保温、防湿条件，无病虫害等。

春季气候转暖，蜜源植物逐渐开花流蜜，蜂群进入繁殖阶段，管理上有许多工作要做：蜂群保温、全面快速检查蜂群、促进蜜蜂排泄、调整密集群势、防治蜂螨、饲喂蜂群、扩大子圈、加脾扩巢以及疾病预防等。

119. 早春怎样给蜂群包装保温?

早春繁殖期间，保温工作十分重要，主要进行箱外和箱内的包装保温。

（1）**箱外保温** 在箱底铺一层塑料布，然后铺10厘米厚的稻草或其他干燥物，将蜂箱排放在稻草上，8 ~ 10箱为一组，箱与箱之间留10厘米距离，用稻草塞满，将预备的塑料布从箱后向前盖上，盖到箱前40厘米处着地，白天将塑料布（也可以买专用的繁蜂设备）掀起（雨、雪天除外），晚上再盖好，将箱前和两侧的塑料布用砖块压住，防止晚上被大风刮开，这样可以有效地抵御夜间的寒风。

（2）**箱内保温** 在两侧隔板外加一些扎紧的小稻草把，但是巢内必须留有一定的空间，以作为巢内过热时蜜蜂的栖息空间，纱盖上加盖小草帘或棉垫。在气温较高的晴天晒箱，翻晒保温物，箱体或保温物潮湿不利于保温。

保温工作要持续较长的时间，但随着蜂群的壮大，气温逐渐升高，慎重稳妥地逐渐撤除包装和保温物。

120. 早春怎样对蜂群全面快速检查?

为了解蜂群越冬后的饲料消耗情况、失王情况、蜂群死亡情况等，开春后，选择晴暖无风的中午对蜂群进行一次快速的全面检查。

在气温达到13℃以上的晴天中午，快速检查蜂群，检查的方法同开箱检查，只是开箱后，动作要快，要特别注意蜂群保温，可用覆布或棉垫、草帘盖住蜂团，逐脾查明经过越冬的群势（强、中、弱），现存饲料情况（多、够、少、缺），蜂王在否，箱内环境（湿度、温度），有无病害等。记录检查结果，在蜂箱上作好记号，针对问题，及时补救。

121. 早春怎样促进蜜蜂排泄？

蜜蜂在经历了漫长的越冬阶段后，整个冬天的粪便都积聚在大肠中，为保证蜜蜂的健康，越冬结束春繁开始前，必须创造条件，促进蜜蜂飞翔排泄。

选择晴暖无风、气温在8℃以上的天气，取下蜂箱上部的外保温物，打开箱盖，让阳光晒暖蜂巢，促使蜜蜂出巢飞翔排泄。如果蜂群系室内越冬，应选择晴暖天气，把越冬蜂搬出室外，两两排开，或成排摆放，让蜜蜂爽身飞翔后进行外包装保温。排泄后的蜂群可在巢门挡一块木板或纸板，给蜂巢遮光，保持蜂群的黑暗和安静。在天气良好的条件下，可让蜜蜂继续排泄1～2次。

根据蜜蜂飞翔情况和排泄的粪便，判断蜂群越冬情况。越冬顺利的蜂群，蜜蜂体色鲜艳，飞翔敏捷，排泄的粪便少，像高粱米粒大小的一个点，或是线头一样的细条。越冬不良的蜂群，蜜蜂体色暗淡，行动迟缓，排泄的粪便多，排泄在蜂场附近，有的甚至就在巢门附近排泄。如果越冬后的蜜蜂腹部膨胀，就爬在巢门板上排泄，表明该蜂群在越冬期间已受到饲料不良或潮湿的影响；如果蜜蜂出巢迟缓，飞翔蜂少，飞得无力，表明群势衰弱。对于不正常的蜂群，应尽早开箱检查处理，对过弱蜂群应进行合并。

122. 早春怎样给蜂群治螨？

早春没有封盖幼虫前，应抓紧时机，彻底治一次蜂螨，可有效减少蜂螨对蜂群的危害。

在气温在8℃以上无风的晴天，提前1天饲喂糖浆，促使工蜂兴奋、蜂团散开。用杀螨水剂1毫升加水1 000毫升，稀释均匀后，喷治250～300脾蜂，隔1周再用药1次。为防止蜂螨出现抗药性，提高药效，以上两种杀螨药物可隔年轮换使用，药液当天配制，当天用完。

123. 早春怎样饲喂蜂群？

治螨前1天一定要适当饲喂足量糖浆，促使工蜂兴奋、散团，提高治螨效果；促使蜂群出巢飞翔排泄，也应进行奖励饲喂；当蜂王开始产卵，尽管外界有一定蜜粉源植物开花流蜜，也应每天用稀糖浆（糖和水比为1：3）在傍晚喂蜂，刺激蜂王产卵，糖浆中可加入少量食盐和适量的药物，预防幼虫病发生。

124. 早春怎样扩大子圈和加脾扩巢？

早春蜂王产卵，多先集中在巢脾朝巢门一端，当这一端卵产满之后，应将巢脾调头，让蜂王产满整张巢脾；当整张巢脾的幼虫封盖后，先将1张空脾加在蜜、粉脾内侧，1天之后，当工蜂已清理好巢房，脾温也升高之后，再加入巢中央供蜂王产卵；当第1代子全部出房，巢内工蜂已度过更新期，全部由新蜂代替越冬的老蜂，而一个完整的封盖子脾，全羽化出房后，可以爬满3张脾，这时蜂群内的蜜蜂较为密集，应及时加入1～2张空脾供蜂王产卵。几天之后，蜂王已产满空脾，幼虫已孵化，再加入1张空脾，此时，巢内的蜂脾关系为脾略多于蜂，即巢内工蜂密度较稀，约7天之后，由于幼蜂不断羽化出房，脾上的蜜蜂又逐渐密集起来，再加入1～2张巢脾。这样，蜂群就会很快地壮大起来。

125. 怎样防止和减轻粉、蜜压子圈？

在早春繁殖时期，强群发展较快，但弱群蜂王仅在巢脾中央的小面积内产卵，而产卵圈周围被粉房包围，这就是"粉压子圈"现象。出现这种情况时，蜂群发展十分缓慢。除应加强保温，让巢中心温度达到35℃之外，还应在蜂王所产卵的巢脾外侧，加入空脾，让蜂王尽快爬出粉圈到外面巢脾产卵，只有这样才能加快弱群的发展。春繁的中后期，油菜、蚕豆也大量吐粉泌蜜，更新过后的新工蜂采集勤奋，蜜、粉占据了较大的巢脾面积，出现工蜂贮蜜、粉与蜂王产卵争巢房的现象，也就是"蜜压子圈"现象，应视天气状况，在连续晴朗的日子，可将蜂蜜摇出，扩大产卵圈。

126. 什么情况下需要给蜂群加继箱？怎样给蜂群加继箱？

当蜂群群势增强以后，为了适应蜂群发展或增加贮蜜场所的需要，就得在巢箱的上面加个继箱，巢箱是蜂王产卵繁殖区，用隔王板将蜂王隔在下面的巢箱里，上面的继箱就是生产产品的地方。春季随着外界气候温暖稳定，蜜粉源丰富，蜂群群势逐渐增强，当群势达到7～8框蜂、有6～7张子脾时就应加继箱。如气温尚不稳定，要等蜂群强壮一点再加继箱。通过加继箱可以扩大蜂巢，增大蜂王产卵面积，加快蜂群的繁殖。但同时也要注意保温，以免子脾受凉。

加继箱的方法：抽取巢箱内2张老蛹脾、1～2张卵虫脾放入继箱，同时加2张蜜粉脾作边脾，巢箱保留3～4张卵虫脾或新蛹脾，加入1张空产卵脾，1张蜜粉脾。随着气温的升高，蜂群不断壮大，逐渐增加空巢脾，增加巢箱里巢脾的数量，并将蛹脾提到继箱，如大流蜜已经来临，可直接将空巢脾加在继箱取蜜。

第十二节　流蜜期和缺蜜期蜂群饲养管理技术

127. 什么是流蜜期？

流蜜期又称泌蜜期，是蜜源植物蜜腺分泌花蜜的这一段时期。主要蜜源植物的流蜜期分为泌蜜量少的初花期、泌蜜量多的盛花期和泌蜜量减少的末花期。所有蜜源植物的盛花期与泌蜜盛期基本一致。流蜜期是养蜂生产的关键时期，掌握各种蜜源植物的流蜜期，对适时组织蜂群进入或退出蜜源生产场地有实际意义。

128. 怎样在主要蜜源花期前组织和繁殖采集蜂？

在正常情况下，蜂群内15日龄以上的工蜂才外出采集花蜜和花粉。除了有大量的采集蜂，还应有大量的内勤蜂。

（1）在大流蜜前40～45天，就应该着手培育采集蜂。管理上应采取有利于蜂王产卵和提高蜂群哺育率的措施，如选择充分的粉源场地、换掉老王、调整蜂脾关系、适时加脾扩巢、奖励饲喂、治螨防病等。如果蜂群基础较差，应组织双王群，提高蜂群发展的速度。

（2）在开始流蜜前30天，可从辅助群里提出1～2张虫、卵脾补给采蜜群，半月之后，幼蜂羽化出房，到采蜜期便可投入采集。调补子脾应分期分批进行，做到群内采集蜂和哺育蜂的比例相称。

（3）在开始流蜜前20天左右，从辅助群里抽调封盖子脾到采蜜群，5～6天就可羽化出房。

（4）如果流蜜期即将开始，抽封盖子脾补给采蜜期都为时已晚，可先将辅助群的蜂箱向采蜜群靠拢，流蜜期开始，再把辅助群的蜂箱搬走，让外勤蜂进入采蜜群，加强采集力。必要时，也可以将辅助群合并入强群。

129. 怎样解决繁殖与采蜜的矛盾？

在流蜜期里，如果采蜜群内幼虫太多，大量的哺育工作会降低蜂群的采集和酿蜜的力量，从而降低产量。因此，应在流蜜前6～7天，开始限制蜂王产卵，保证蜂群进入流蜜期后，哺育蜂儿的工作减少，集中力量投入采集和酿蜜；流蜜期结束之前，应恢复蜂王产卵，以免群势下降。主要方法是用框式隔王板将蜂王控制在巢箱内的1个小区内（内放封盖子脾和蜜、粉脾），流蜜期结束前，撤去隔王板即可。西蜂也可直接关王产蜜。

130. 取蜜期蜂群怎样管理?

在主要流蜜期里,蜂群管理的原则是给蜂群创造最好的生产活动条件,提高采集能力和酿蜜强度,夺取蜂产品的高产。

(1)诱导采蜜 主要蜜源开始流蜜时,从最先开始采蜜的蜂群里取出新蜜,喂给尚未开始采集的蜂群,通过食物传递采集信息,使全场蜂群尽快投入采蜜工作、增加产量。

(2)扩大蜂巢 在主要流蜜期扩大蜂巢,就是给蜂群增加贮蜜空间,保证蜂群能及时酿蜜和贮蜜,这是高产的关键措施。

①加大蜂巢的进蜜空间:首次应在流蜜期开始前几天,之后根据进蜜情况而定。如果流蜜量不大,一群蜂每天进蜜1.5 ~ 2千克,加1个继箱使用6 ~ 8天蜜可装满;随着流蜜量加大,如果每群一天进2.5 ~ 3千克,1个继箱只够使用4天,应接着加第2个继箱;如果每天进蜜5千克,1个继箱只能使用1天多,应一次加2 ~ 3个继箱。

②加继箱位置:通常加在巢箱上面,第2个继箱如为空脾,可以加在最上面;如果装有部分巢础,均应加在育虫箱上面。此外,应及时加入巢础框造脾,以加入已造好一半的巢脾效果最好。

(3)加强通风 酿造1千克蜂蜜要蒸发2千克水。因此为了尽快把蜂箱内的水分排出去,应扩大巢门,揭去覆布,只盖纱盖,打开通风窗,放开蜂路。同时应在夏天注意遮阳防晒。

(4)适时取蜜 当继箱内的蜜脾全部封盖时,及时取蜜。饲养继箱群,取蜜时间最好安排在傍晚,如果取小群的蜜,则应在清早为好。取蜜要慎重,前期和大流蜜期,可以每7天左右取1次,并取出蜂群内全部的蜜;后期应抽取,要留部分蜜脾,保证蜜蜂生活的需要。雨季天气变化大,也应该抽取。

131. 蜜源流蜜后期应注意哪些管理问题?

蜜源流蜜后期,蜂群的管理措施要根据下一阶段的生产任务而确定。如果下一阶段要转地放蜂,继续生产,那么就要注意繁殖后续采集蜂，并且最后一次取蜜可适当取净，少留饲料；如果下一阶段无蜜可采，蜂群转入繁殖为主，那么本花期最后一次取蜜时就要注意多留饲料，有意识地保留子脾上的边角蜜。同时蜂群中巢脾的布置也必须注意，取完最后一次蜜后，将摇完蜜的优质空脾加在巢房中央，增加巢箱脾数，减少继箱脾数。个别群势下降的蜂群，撤出多余巢脾，使蜂脾相称，这样既有利于蜂群繁殖，又有利于防止盗蜂。缺乏花粉的蜂群及时补充花粉脾或饲喂花粉。不论下一阶段蜂群的生产任务怎样，蜜源进入流蜜末期后，检查蜂群要迅速，不要将带蜜巢脾长久地放于箱外，更不要将蜜滴洒在箱外，以免引起盗蜂，给蜂群管理带来不必要的麻烦。

132. 什么是缺蜜期？缺蜜时蜂群有哪些表现？

缺蜜期就是外界缺乏蜜粉源的时期，一年中，除蜂群越冬期外，大部分地区外界都有没有蜜源的时期。缺蜜时期，如果对蜂群管理不当，蜂群会出现盗蜂、脱子、群势下降，甚至出现垮群现象。如果随后有大宗蜜源，蜂群群势跟不上，就会造成严重减产。

133. 外界缺乏蜜粉源期应注意哪些管理问题？

在蜜粉源缺乏时必须加强蜂群的日常管理，注意给蜂群补充饲料和防止盗蜂。外界蜜粉源缺乏，蜂群出现贮蜜或贮粉不足，应及时给蜂群补足饲喂。如外界缺乏花粉，就应给蜂群补喂新鲜的消毒蜂花粉或花粉代用品。如蜂群贮蜜不足，就应以浓糖水饲喂蜂群，或给蜂群补加蜜脾，防止蜂群因缺乏蜜、粉造成营养不良，或工蜂脱弃蜂子。缺乏蜜粉源时，蜂群的检查及日常管理要十分小心，注意防止盗蜂。蜂场发生盗蜂，不但给蜂群管理带来不便，也容易传播蜜蜂疾病。在无特殊情况下，尽量减少开箱检查次数，缩短检查时间。必须检查时，可在傍晚或清早蜜蜂停止出巢飞行时进行。给蜂群喂粉或糖水，应在傍晚进行，并注意不要将糖水滴到箱外，若不慎滴洒，应立即处理干净。

第十三节　夏季蜂群管理技术

134.夏季蜂群管理有哪些特点?

夏季天气炎热，蜜源缺乏，产卵减少，蜂螨密度增高，是养蜂的困难时期。如果管理不好，会导致蜂群衰弱，甚至逃亡。因此夏季蜂群管理应注意防暑降温、防止分蜂、防止病敌害、农药中毒，蜜源缺乏时应注意防止蜂群缺蜜、防盗等问题。

135.夏季蜂群有哪些管理要点?

越夏期首先保证群内有充足的饲料。除补足饲料外，也可利用"立体蜜源"的特点，转至半山或气候凉爽、有蜜源的地方饲养；在炎夏烈日之下，应特别注意遮阳和喂水，或把蜂群放在树荫之下。

夏季，蜜蜂的敌害（胡蜂、蜻蜓、蟾蜍）很多，蜂螨、巢虫繁殖很快，应特别注意防治；农作物也应常施用农药，并应防止农药中毒。

为了降低群内温度，应注意加强蜂群通风，可去掉覆布，打开气窗，放大巢门，扩大蜂路，做到脾多于蜂。

管理上应注意少开箱检查，预防盗蜂的发生。

第十四节　秋季蜂群管理技术

136.秋季蜂群有哪些管理措施?

秋季，蜂场的工作重心已由以生产为主转为以繁殖为主，以培育数量多、质量好的越冬蜂。越冬蜂是指在秋末羽化出房，经过排泄飞翔，但尚未参与采集活动，身体健壮，能忍受越冬时长期困在巢内的工蜂。秋季管理必须采取如下措施。

（1）**选择场地**　选择一个周围有充足的蜜粉源，并且放蜂密度不大的场地作为秋繁场地。如果场地没有蜜源，一定要有充足的粉源，否则不能作为放蜂场地。摆放蜂群的场地，要求地势高燥、避风、向阳。

（2）**治螨**　在培育越冬蜂时期，如果蜂群内有蜂螨，蜂螨会潜伏在封盖子巢房内繁殖，轻则使越冬蜂寿命缩短，重则会出现脱子现象，所以在培育越冬蜂之前一定要治螨。由于此时群内有子脾，治螨必须选择长效药物，进行多次治螨或分巢治螨。

（3）**更换老劣蜂王**　在培育越冬蜂之前，要将蜂场内需要更换的老劣蜂王全部换成新王。这样一方面可以培育更多的适龄越冬蜂，另一方面来年可以采用优质蜂王春繁。

（4）**调整蜂巢**　在组织蜂群培育适龄越冬蜂时，要求平箱群群势达到箱满，不符合要求的蜂群要进行合并。继箱群适合产卵的子脾和蜜粉保持蜂脾相称。

（5）**保证群内饲料充足**　在秋季繁殖阶段，如果外界蜜粉源充足，蜂群进蜜比较快，必要时可取蜜。如果蜜粉不足，要及时进行补助饲喂，保证群内饲料充足。

（6）**适时断子**　在培育越冬蜂后期，气温下降，根据情况可将蜂王幽闭起来不让其产卵，使蜂群没有卵虫以进行断子。断子后新出房的越冬蜂不参与哺育，保持其生命活力，同时为后期饲喂越冬饲料和治螨创造有利条件。

137. 为什么要让秋繁蜂群适时断子？怎样断子？

秋繁后期，随着气温的降低，蜂王产卵逐渐减少，子脾开始呈现明显的下降趋势，如果不采取措施限制蜂王产卵，大多数蜂群会断断续续地产卵。一方面由于气温降低，新出房的工蜂不能排泄飞翔，无法健康越冬；另一方面出房后的越冬蜂为了哺育新出房工蜂，消耗体内贮存的营养和体力，缩短了自身寿命。即使后期培育出的工蜂能完成排泄、安全越冬，但由于其数量远不及前一阶段培育出的工蜂数量多，越冬后效果同样不佳。因此，适龄越冬蜂培育期一结束，就应让秋繁蜂群及时断子。

断子方法：开箱找到蜂王后，用囚王笼幽闭蜂王，并将其挂在蜂群中间偏前部位的巢脾间，强迫其停止产卵。蜂群停止产卵后6～7天，检查蜂群，清除蜂群内所有急造王台。

138. 怎样储备和补喂越冬饲料？

蜂群只有依靠充足优质的饲料才能安全越冬。当培育越冬蜂阶段基本结束时，天气变冷，此时应检查蜂群内的饲料情况。如果蜂蜜不足则应进行补喂，如果巢内所存蜂蜜不适合作为越冬饲料，须将蜜脾提出，留作翌年春繁时用。

（1）**调整蜂群**　在饲喂越冬饲料之前，要调整蜂群。将多余的巢脾全部抽出，按越冬所需巢脾数量留脾，如果留脾较多，饲喂越冬饲料时，饲料会分散到多张巢脾上，不利于蜂群越冬。

（2）**准备饲料糖**　饲喂蜂群的越冬饲料必须要用优质白糖，不能用来路不明的蜂蜜和次品糖，按每群15千克的量准备饲料糖。

（3）**饲喂糖浆**　将备好的白糖用水按白糖：水为1：0.7的比例进行熬制，并晾凉。当天黑，蜜蜂全部进巢以后，将糖浆注入饲喂器，强群可直接加满，弱群可加2/3。第2天检查蜂群，观察饲料食用情况，如果基本吃完，傍晚可继续饲喂，如大部分饲料没吃完，再饲喂时要减少饲喂量。饲喂前，要将蜂箱缝隙堵严，缩小巢门，以防盗蜂。饲喂过程中要连续大量饲喂，不能让蜂王有产卵的机会。连续喂3～4次，视情况可停1～2天，然后再连续饲喂。当蜂群中的巢脾全部装满糖浆时，即可停止饲喂。

139. 为什么要在蜂群越冬前抓紧治螨?

喂完越冬饲料检查蜂群时即可治螨，此次治螨非常关键，直接关系到第2年的养蜂生产。此时蜂群内无子脾，蜂螨全部暴露，可与药物直接接触。治螨时要选择天气晴暖、蜜蜂能飞翔的日子，隔天1次，连治2～3次，可收到很好效果。

第十五节　冬季蜂群管理技术

140. 怎样布置越冬蜂巢?

对蜂群进行1次全面检查，抽出多余的空脾，撤除继箱，只保留巢箱。如果蜂群太弱，可将巢箱中央加上死隔板，分隔两室，每室放一弱群，不仅可以储备蜂王，同时还具有节省饲料，提高抗寒力，利于春季恢复，减少死蜂，安全越冬等特点。强群也应做到蜂多于脾，并且要合理布置越冬蜂巢。具体措施：中间放半蜜脾，两边放整蜜脾；若为整蜜脾，应加大蜂路，并且边脾的糖脾面积要大。

141. 怎样给室外越冬的蜂群保温?

我国大部分地区蜂群越冬都可在室外进行，根据南北方各地气候的差异，选择适当的时间给蜂群进行适当的包装保温。越冬蜂群应放在地势高燥、避风向阳、安静的场所。蜂群保温也应因地因时制宜。越冬前期，气候不稳定，群内可不必保温，仅在副盖上加盖草帘即可，气温降低后，再做箱内保温。我国华南地区冬季气温较高，蜂群越冬仅做箱内保温即可。

箱内保温是在越冬蜂巢布置好后，把蜜脾外的隔板固定，隔板外空间用稻草把或泡沫塑料塞满，缩小巢内保温空间。纱盖上加棉垫或草帘，纱盖下的覆布要折起一角，作为箱内的通风口。

箱外包装保温：箱外包装保温既节省保温物，又能利用蜂群彼此散热保温。当蜂群结团，工蜂不再外飞后，在选定的越冬位置，2～3群一组，或数群排成一排，箱底铺上干草，外测及箱后围上草帘，蜂箱上盖上草帘，草帘可挂到蜂箱前壁，留出巢门。随着气温的逐渐寒冷，再用干草塞严箱与箱之间的夹缝。北方较寒冷的地区，还可在箱盖的草帘上加盖一层帆布，这样既可防雪，又增加了保温效果。

蜂群室外越冬，每隔数日，应把巢门前的干草、树叶等清扫干净，掏出巢内死蜂。下雪天，巢门前要挡上草帘，防止工蜂趋光出巢冻死。下雪后，要及时清除蜂箱上及巢门口的积雪，以免巢门被积雪堵塞或融雪浸湿包装物。

142. 怎样了解室外越冬蜂群是否正常？

做好保温工作之后，无特殊情况千万不要开箱检查，以箱外观察为主。

（1）如巢前有碎蜂、乱草末和碎蜡屑，表明有鼠害，应检查处理。

（2）如巢门前挂霜流水，表明湿度大，要加强通风。

（3）如巢门前有稀粪，表明腹泻，要对蜂群低温处理。

（4）如在箱底和巢门外发现大批死蜂，舌头伸到外面，未死的也行动无力，说明缺蜜饥饿，要立即用温蜜水喷到蜜蜂身上。饿僵在2天以内的，还可救活，救活之后，要补给预温蜜脾。

（5）如发现部分工蜂出巢扇风，说明巢内闷热，应加大巢门或短时撤去箱盖上保温物，加强通风。

143. 怎样解决越冬蜂群饲料不足的问题？

越冬饲料应充足，如发现蜂群饲料不足，应及时补入预温蜜脾。如果没有蜜脾，可将优质蜂蜜或浓度较高的白糖浆（糖与水之

比为10 ： 7）灌在巢脾上，供蜜蜂越冬消耗。越冬饲料要在2 ～ 3
天内喂足，2 ～ 3天没有喂足的，要隔几天再喂。

切勿喂入劣质蜂蜜或糖浆，否则引起蜜蜂腹泻死亡。

存蜜不足的蜂群越冬前就要喂足，入冬后蜂群已经结团了，再
喂蜂又要让蜂活跃起来，消耗体力和寿命。

注意防止起盗蜂。

第六章　蜜蜂病虫害防治

第一节　蜜蜂病虫害预防

144. 蜜蜂病虫害防治应遵循哪些原则?

（1）**遵守法律法规**　《中华人民共和国畜牧法》（2015年修正）第四十条要求养蜂生产对兽药投入品的来源、名称、使用对象、时间和用量建立档案；第四十八条规定养蜂生产者在生产过程中，不得使用危害蜂产品质量安全的药品和容器，确保蜂产品质量。养蜂器具应当符合国家技术规范的强制性要求。《无公害农产品兽药使用准则》（NY/T 5030—2016）要求养蜂者对蜜蜂疾病进行诊断后，选择一种合适的药物，避免重复用药。

（2）**遵循病虫害防治理念**　掌握必要的养蜂知识、保证蜜蜂生长生产营养需求，制定科学合理的疾病预防和控制措施，建立蜜蜂疾病防治生产档案。

适当分区净化病原。养蜂者在日常管理中应考虑如何净化蜂场的传染性病原体，使蜜蜂依靠其不断进化的自身防御系统来抵抗病原菌，做好带病区与健康区的规划，减少疾病扩散，精准治疗发病群，杜绝发病群感染健康群。

注重培养、利用好抗病力强的蜂种，从根源上减少用药量。

（3）**掌握基本的蜜蜂疾病防控技术**　蜜蜂个体小，寿命短，在养蜂生产过程中，蜜蜂疾病防控误区多。大部分养蜂者缺乏蜂病防控技术，滥用药物情况时有发生。蜂药作为蜂病防治的最后一道措施，却常被某些养蜂者提前使用或滥用，致使蜜蜂病原体产生耐药性，蜜蜂疾病的控制风险增加，甚至造成蜂产品药物残留，需要养蜂者掌握蜜蜂疾病防治知识，正确施药防病治病。

145. 蜜蜂病虫害防治过程中应注意哪些事项？

（1）良好的营养是保持蜜蜂健康的关键，可增强蜜蜂自身的抗病能力，保护蜜蜂的防御系统，在任何时候都应该保证蜂群蜜粉充足。

（2）饲养强群，强群抗病力强。

（3）杜绝盲目从野外收捕蜂群，大部分野外蜂群为染病后的飞逃蜂群，将其盲目收捕带入蜂场内饲喂易使蜂场染病。

（4）重视蜂场卫生，定期对场地和蜂具消毒，不让病原有滋生繁育的机会。及时淘汰老旧巢脾，老旧巢脾是某些病原微生物繁育的港湾。

（5）掌握必要的选育保种知识，有目的地选育抗病品系。将抗病力强、不易生病、生产力好的蜂群作为育种的父本和母本，培育适合当地生产的抗病力强的蜂种。

（6）注重蜂场选址和周边环境变化，避免不必要的蜜蜂中毒损失和自然灾害发生。

（7）在蜂群病敌害防治过程中若使用了中草药或西药进行预防，在用药后次日应进行箱外观察，观察蜂群是否有飞逃等现象，便于及时调整防治措施。

146. 蜂群发病前后有哪些异常现象？

观察诊断是蜂场日常管理的一项基本工作，也是初步判定蜜蜂病敌害的基本方法，能够大大提高养蜂生产效率。养蜂者可通过箱外观察和开箱检查，判断蜂群是否健康、是否遭遇病虫敌害。

（1）出勤蜂是否正常 根据巢门口蜜蜂是否混乱、异常凶猛，或有无拖出的死幼虫、蛹、残缺的死蜂，可判断蜂群是否有幼虫病、胡蜂袭击等蜜蜂病敌害；流蜜期或缺蜜期观察采集蜂、守门蜂是否有序工作，可判断是否有分蜂热、失王、盗蜂等情况；蜂场地上是否有垂死挣扎甚至翻滚的外勤蜂、缓慢托腹爬行的蜜蜂，可判断是否有中毒或排泄不畅等情况。

（2）**蜂箱内异常情况检查** 通过观察箱内蜂群、脾、箱底甚至气味等诊断蜂群是否异常。

①查看巢脾：首先观察蜜蜂造脾是否规整，若有骚乱离脾，可能是因为群内缺饲料或箱内出现敌害；开箱时若蜜蜂易蜇人，表示蜂群可能饥饿或农药中毒；脾上有明显的花子、死亡蛹，则蜂群可能患白垩病、蜂蛹病，或遭遇蜂螨、巢虫等病敌害。

②观察成年蜂：

一看状态：患病蜜蜂常表现出痴呆、反应迟钝、失去活力、不能起飞、神情不安、栖于一侧或在箱内外缓慢地滚爬。

二看头部：健康蜂的头部活动自如。当表现摇头搔痒时，可能是有蜂螨等寄生虫。

三看翅膀：健康蜂四翅完整，张合自如，飞翔自由。病蜂翅膀残缺不全，或振翅颤抖，失去飞翔能力；蜜蜂翅膀卷曲可能是患有卷翅病，翅膀残缺多由蜂螨危害造成。

四看脚肢：健康蜂六足灵活，爬行迅速。病蜂脚足麻木，爬行迟缓或不能爬行。

五看背腹：健康蜂的背腹密生绒毛，其环节能有节律地频频伸缩，色泽鲜艳，体表干燥。病蜂的腹部则表现膨大或缩小，不能自由伸缩，绒毛脱落，毛色变暗或发黑，体表湿润，有时像浸过油一样，这是麻痹病的典型症状。

六看死蜂：健康蜂一般不会死在箱内，也很少死在蜂箱周围。在越冬期若发现箱底有大量死蜂，蜂体颜色变暗、发软，发出恶臭，则很可能是患了伤寒或其他异常所引起。

147. 蜂场用药有哪些误区?

（1）**滥用蜂药** 不管蜂群是否需要用药，预防性地长期使用某种杀螨药、抗生素，而不是交叉用药。

（2）**盲目用药** 不注意对症治疗。在没有确诊是什么疾病的情况下，随意使用杀螨药、抗生素，甚至使用禁用药物（如盐酸吗啉胍、氯霉素等）。

（3）**不当施药方式** 在治疗蜜蜂病害时，常使用配制含药糖浆的方法，这种方法最易造成蜂蜜污染，因为蜜蜂会将含药糖浆搬到巢房内，直接污染蜂蜜。常用喷雾法将药剂直接喷洒在蜂体上，同时也将药剂直接喷入巢房，造成蜂蜜污染。

（4）**加大剂量使用药剂** 一些养蜂者救治病蜂心切，加大治疗药物剂量，这样易造成蜂群中毒或飞逃。

148. 怎样避免蜂药污染蜂产品?

（1）**科学合理地使用蜂药** 使用国家允许的无污染的高效低毒蜂药防治蜜蜂病虫害，禁止滥用、乱用、故意加大剂量使用蜂药。无病史健康蜂群不使用西药预防病害；有病史蜂群不得随意使用西药预防，尽量用相应的特殊管理防病措施或中药提前预防；对于发病蜂群，应先正确诊断疾病种类，确定病原，有针对性地使用蜂药，不使用禁用兽药或人药，不擅自加大用药剂量和浓度。

（2）**严格遵循休药期的管理** 在主要采蜜期的前45天内不要使用抗生素、磺胺类及治螨的药物，带病群不得进行生产采集。康复群康复45天后，更换老旧脾或取尽脾上贮存的含药存蜜后，方可进入采集生产。若大流蜜期已过或即将结束时进行治疗的病群，含抗生素或磺胺类的蜜可以暂留巢内使用，对这些巢脾做好记号，以示区分。

（3）**选择合理的施药途径** 施药途径有很多，如药物拌入蜂粮或花粉饲喂、对带蜂脾喷洒带药糖水、对不带蜂脾喷洒带药糖水、在箱内挂熏蒸药片（氟胺氰菊酯片）、加药到糖水中饲喂等。用药前先找准群内的施药对象，若是幼虫发病，可将药物拌入花粉或蜂粮中饲喂，因为幼虫的发育离不开花粉；若是成年蜂发病，可在晚间蜂群缩脾后，用糖水兑上药物进行蜂体喷洒，让成年蜂相互舔舐吸取药物。

（4）规定用药时间　在巢房中的氟胺氰菊酯片挂3周后要取出，不可长期留在蜂箱中。

（5）做好用药记录　为保证蜂产品的质量符合标准，将病种、使用的药物厂家、疗效等信号做好记录。

149. 规模化蜂场怎样消毒?

消毒是用物理或化学方法消灭不同传播媒介物上的病原体，切断传播途径、阻止和控制传染病发生的一种疾病防控方法。其目的是防止病原体播散引起疾病发生流行，防止发生交叉感染，有效地减少和预防蜂病的发生。消毒方法有物理消毒法和化学消毒法，根据蜂病情况选择合适的消毒方法，或结合多种消毒方法以达到更好的杀菌效果。

（1）物理消毒法

①机械消毒：一般用肥皂、洗涤剂刷洗，流水冲净，可消除蜂具绝大部分细菌。

②热力消毒：包括火烧、煮沸、流动蒸汽、干热灭菌等，能使病原体蛋白质凝固变性，失去正常代谢机能。

③辐射消毒：在养蜂生产中常用的是日光暴晒，依靠其紫外线杀菌。

（2）化学消毒法　使用化学药物消毒，参见表6-1。

为了有效减少消毒药物对蜜蜂和蜂产品产生的危害，应尽可能选择日光、灼烧、煮沸、洗涤等物理的方法消毒，必要时结合化学消毒方法。但在具体操作过程中，要根据不同的情况进行综合考虑，选择适宜的消毒剂。蜂群发病时，首先要查明病因，分清病原微生物是细菌、病毒还是真菌，然后根据致病微生物的生物特性选用对这种微生物消毒效果最佳的消毒剂进行消毒。

不论是物理消毒还是化学消毒，都要对消毒物的表面进行清洁，因为污物在很大程度上会影响消毒效果。因此，在条件允许的情况下，尽量将污物清除干净后再进行消毒，并且保证消毒剂的接触面要尽量大，做到充分彻底，不留死角。

表6-1 化学消毒药物及使用方法

名称	有效成分	常用浓度及作用时间	作用范围	使用方法
84消毒液	NaClO	0.4%作用10分钟，用于细菌污染物5%作用90分钟，用于病毒污染物	细菌、芽孢、病毒、真菌	蜂箱、蜂具、蜂衣洗涤，巢脾浸泡，金属物品洗涤时间不宜过长
漂白粉	Ca(ClO)$_2$	5%～10%作用0.5～2小时	细菌、芽孢、病毒、真菌	蜂箱洗涤，巢脾、蜂具浸泡1~2小时，金属蜂具洗涤时间不宜过长
食用碱	Na$_2$CO$_3$	3%～5%水溶液作用0.5～2小时	细菌、病毒、真菌	蜂箱洗涤，巢脾浸泡2小时，蜂具、衣物浸泡0.5~1小时，越冬室、仓库墙壁、地面喷洒
生石灰	CaO	10%～20%的石灰乳作用1天以上	细菌、芽孢、病毒、真菌	10%~20%石灰乳粉刷越冬室、工作室、仓库墙壁、地面即可。将生石灰用少量水发散成消石灰粉后，撒布蜂场地面即可
食盐	NaCl	36%水溶液作用4小时以上	细菌、真菌、孢子虫、阿米巴虫、巢虫	蜂箱、巢脾、蜂具浸泡4小时以上
冰醋酸	CH$_3$COOH	80%～98%熏蒸1～5天	蜂蜡、孢子虫、阿米巴虫、蜡螟的幼虫和卵	每个蜂箱用80%～98%冰醋酸10~20毫升，洒在布条上，每个欲消毒巢脾的继箱挂1片。将箱体叠好，密封好缝隙，盖好箱盖熏蒸24小时，气温低于18℃应延长熏蒸时间至3~5天

（续）

名称	有效成分	常用浓度及作用时间	作用范围	使用方法
甲醛	HCHO	2%～4%水溶液或原液熏蒸12小时以上	细菌、芽孢、病毒、孢子虫、阿米巴虫	2%～4%甲醛水溶液喷洒越冬室、工作室、仓库、墙壁、地面。原液熏蒸时，可加入高锰酸钾，密闭12小时。室内消毒（每立方米）：30毫升甲醛、30毫升水、18克高锰酸钾（注意：人不能直接对着出气口或漏气口，易中毒）
硫黄	S	粉剂熏蒸24小时以上，2～5克/箱，半月左右重复1次	蜂螨、螟蛾、巢虫、真菌、细菌、病毒	使用时，将燃烧的木炭放入容器后，立即将硫黄撒在木炭上，密闭蜂箱，熏蒸12小时以上（注意：人不能直接对着出气口或漏气口，易中毒）

特别注意：

1. 根据消毒药的类型与本蜂场的常见病、多发病选择消毒药。

2. 无论使用何种化学消毒剂，以浸泡和洗涤形式处理的，消毒过后用清水将药品洗涤干净，巢脾用分蜜机摇出巢中水分；熏蒸消毒过的蜂具等，应在流通空气中放置72小时以上。

3. 巢脾上如有花粉等存在，其浸泡消毒的时间，可视药品作用时间而适当延长，以达到消毒彻底的目的。

150. 怎样管理蜜蜂用药?

（1）**用药符合规范** 蜜蜂病敌害治疗用药应符合国家相关法律、法规、规范及其他技术要求，常用蜂药应符合《无公害农产品兽药使用准则》（NY/T 5030—2016）的规定。

①遵守《兽药管理条例》的有关规定使用兽药，应凭兽医开具的处方使用兽用处方药。不得使用农业部规定禁用和不得使用的药

物品种。

②严格按照农业部批准的兽药标签和说明书用药（见国家兽药基础信息查询系统），包括给药途径、剂量、疗程、蜂种、适应证、休药期等。

③不能超出兽药产品说明书范围使用兽药，不应使用人用药品，不应使用过期或变质兽药，不应使用原料药。

（2）建立保管和记录制度　药品要专箱保管，建立并保全全部的用药记录。

①建立用药记录制度：内容包括兽药通用名称、规格、生产厂家名称、产品批号、用法、用量、疗程、休药期、用药时间；蜂种、发病群数、诊断结果或用药目的、给药途径、疗程；蜂箱、蜂具清洁、消毒记录等。

②建立档案制度：生产日志和用药记录由专人负责，保持记录完整，建档保存。处方笺和用药记录档案保存3年（含3年）以上。

③建立科学用药制度：养蜂场应在专业人员指导下科学、合理用药。养蜂场安全用药重点是禁止使用违禁药物和未经批准蜂药，流蜜和产浆期间不得用药，过期失效蜂药应及时清理销毁。严格执行休药制度，部分蜂药用药方法和休药期详见表6-2。

表6-2　无公害食品蜜蜂饲养允许使用的药物及使用规定

名称	作用与用途	用法与用量	休药期
氟氯苯氰菊酯条	用于防治蜂螨	悬挂于蜂群内，每群2条，6周为1个疗程	采蜜期禁用
氟胺氰菊酯条	用于防治蜂螨	悬挂于蜂群内，每群2条，3周为1个疗程	采蜜期禁用
甲酸溶液（甲酸7毫升与乙醇3毫升）	用于治疗蜂螨，无蜂使用	熏蒸，临用前将两者混合，在22℃以上气温下，密闭熏蒸5～6小时，每10毫升在标准箱内熏蒸7～8张无蜂封盖子脾	

（续）

名称	作用与用途	用法与用量	休药期
酞丁安粉（含酞丁安4%）	用于蜂麻痹病	饲喂，1升50%糖水加本品12克，每群250毫升，隔日1次，连用5次	采蜜期禁用
盐酸土霉素可溶性粉	用于防治细菌性疾病	饲喂，每群200毫克（按有效成分计），与1：1糖浆适量混匀，隔4～5天1次，连用3次	采蜜前6周停止给药
制霉菌素	用于防治真菌性疾病	饲喂，1升50%糖水加本品200毫克，隔3天1次，连用5次	采蜜期停止使用

151. 怎样购买有效蜂药?

蜂药市场起步晚，厂家少，蜂药来源比较复杂，蜂农稍有不慎，就有可能用到假药、劣质药、过期药或淘汰药。因此，蜂农在购买、使用和保存蜂药时，一定要小心谨慎。

（1）按照无公害农产品兽药使用准则要求

①养蜂者对蜜蜂进行预防、治疗和诊断疾病所用的蜂药均应是农业部批准的兽药或批准进口注册的兽药，其质量均应符合相关的国家兽药标准。

②养蜂者或使用者购买蜂药时，应在国家兽药基础信息系统中核对兽药产品批准信息，包括核对购买产品的批准文号、标签和说明、生产企业信息等。

③蜂药使用者应定期在国家兽药基础信息查询系统中查看农业部发布的兽药质量监督抽检质量通报和有关假兽药查处活动的通知，不应购买和使用非法兽药生产企业生产的产品，不应购买和使用重点监控企业的产品以及抽检不合格的产品。

（2）购买时注意事项　为了增加蜂农对蜂药的用药知识，保护广大养蜂者的利益，购买蜂药时，应注意从以下几个方面严格把关。

①鉴别包装：蜂药外包装上，必须在醒目的位置上注明"兽用"或"兽药"字样并附有说明书，说明书的内容也可印在标签上，见图6-1。标签或者说明书必须注明商标、蜂药名称、规格、企业名称、地址、批准文号和产品批号，写明蜂药主要成分及含量，用途、用法与用量、毒副反应、适应证、禁忌、有效期、注意事项和贮存条件等。盒内的标签或说明书上也应标明，见图6-2。没有标注的，不能随便作为蜂药使用。查蜂药生产企业是否有生产许可证，合法的蜂药生产企业的标签说明书应标示生产许可证号，凡未标明的或经查为未经批准的单位生产的蜂药必然是假蜂药产品。

②查产品批准文号：先看产品有无批准文号，然后看批准文号的格式是否正确。蜂药产品必须注明批准文号，兽药批准文号的有效期为5年，原兽药批准文号期满后即行作废。若使用的批准文号超过了有效期限，兽药即视为假药。兽药批准文号必须按农业部规定的统一编号格式，如果使用文件号或用其他编号代替，冒充兽药生产批准文号，该产品视为无批准文号产品，同样也应

图6-1　包装标明兽用外用药
（曹兰　摄）

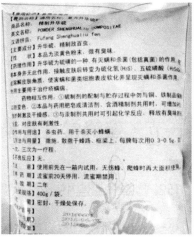

图6-2　产品说明书（曹兰　摄）

视为假药。

③查蜂药产品执行标准：兽药标准应执行国家标准（中国兽药典、农业部颁布的标准）或者省级地方标准，如果兽药成分不符合国家标准或省级地方标准的，即为假药。

④查蜂药产品生产批号：产品生产批号是用于识别每批生产产品的一组数字或字母加数字，见图6-3。一般由生产时间的年月日各两位数加生产批次组成，没有产品批号的，应禁止使用。相当一部分蜂药同时还规定了有效期或失效期，标注的有效期，是从生产日期（以产品批号为准）算起的，有时也以具体的年月日标出，失效期多以具体的年月日标出。超过了有效期或已达到失效期的，即为过期蜂药，即使没有任何感观质量问题也不宜再使用。

⑤查产品规格：标签上标示的规格与药品的实际是否相符，主要看标示装量与实际装量是否相符。

生产许可证号：（2012）兽药生产证字04060号
GMP证书编号：（2012）兽药GMP证字126号
批准文号：兽药字(2013)040602246

图6-3　标识批准文号（曹兰　摄）

第二节　蜜蜂常见传染性疾病

152. 蜜蜂有哪些传染性疾病？

蜜蜂传染性疾病分为传染性病害和侵袭性病害两大类，传染性病害包括细菌病、病毒病、螺原体病、真菌病、原生动物病；侵袭性病害包括寄生螨和寄生昆虫和线虫，见表6-3。

表6-3　蜜蜂传染性疾病

种类		病名				
传染性病害	细菌病	美洲幼虫腐臭病	欧洲幼虫腐臭病	副伤寒病	败血病	云翅病毒病
	病毒病	囊状幼虫病	蜂蛹病	埃及蜜蜂病毒病	麻痹病	
	真菌病	白垩病	黄曲霉病	蜂王卵巢黑变病		
	螺原体病	蜜蜂螺原体病				
	原生动物病	蜜蜂孢子虫病	蜜蜂阿米巴虫病			
侵袭性病害	寄生螨	亮热厉螨（小蜂螨）	狄斯瓦螨（大蜂螨）	武氏蜂盾螨（气管螨）		
	寄生昆虫和线虫	蜂麻蝇	驼背蝇	圆头蝇		

153. 怎样防治美洲幼虫腐臭病?

（1）**病原及危害**　美洲幼虫腐臭病又叫"烂子病"，是蜜蜂幼虫的一种恶性传染病。美洲幼虫腐臭病分布极广，世界各国几乎都有发生，其中以热带和亚热带地区发病较重，多流行于夏、秋季节。该病只发生在意大利蜜蜂等西方蜜蜂蜂种的各亚种，东方蜜蜂蜂种不发生此种幼虫病。美洲幼虫腐臭病是由幼虫芽孢杆菌所引起的，菌体长2～5微米，宽0.5～0.7微米，能运动，若用苯胺黑或墨汁负染时，能观察到成簇的鞭毛。该杆菌常形成芽孢来抵抗药物治疗，是一种很难治愈的幼虫病。

美洲幼虫腐臭病的主要表现是老熟幼虫或蛹死亡。若发现子脾表面呈现潮湿、油光，并有穿孔时，幼虫尸体呈浅褐色或咖啡色，有腥臭味，并具有黏性时，可确定为美洲幼虫腐臭病。孵化24小时的幼虫最易受感染，经过2天以后的幼虫、蛹和成蜂不易感染。在蜂群内，病害主要通过内勤蜂对幼虫的喂饲活动而将病菌传给健康的幼虫，而被污染的饲料（带菌蜂蜜和蜂粮）和患病巢脾则是病害传播的主要来源。在蜂群间，病原主要通过养蜂人员不遵守操作活动的卫生规程，如将患病蜂群与健康蜂群混合饲养、蜂箱蜂具混用和随意调换子脾等，造成病害的传播蔓延。此外，蜂场上的盗蜂和迷巢蜂，也可能传播病菌。

（2）防治措施

①加强特殊管理，注意隔离病群：对于病重群（一般烂子率达10%以上者），必须进行彻底换箱换脾处理。对轻病群，除需用镊子将所有的烂幼虫清除干净以外，还须用棉花球蘸取0.1%的新洁尔灭溶液清洗巢房1～2次。对久治不愈的重病群，为了防止传染其他蜂群，应采取焚蜂焚箱的办法，彻底焚灭。

②药物防治：可选用土霉素等药物进行饲喂或喷脾，土霉素用量为每10框蜂0.125克，配置含药花粉饼或将其加入白糖与水为1：1的糖浆中饲喂加以预防。配制含药花粉饼时，需要将药片捣碎，拌入花粉（10框蜂取食2～3天的量），用饱和糖浆或蜂蜜揉至面粉团状，不粘手即可，置于框梁上，供工蜂搬运饲喂幼虫，重病群隔3天饲喂1次，轻病群7天喂1次，连续2～3次，采集前45～60天停药，带病群不得进行采蜜、采胶、采花粉等生产。

③中草药防治：连翘30克，地丁20克，罂粟壳15克，穿心莲20克，柴胡20克，牛黄30克，桔梗30克，独活30克，甘草15克，加水2 500毫升，煎熬0.5小时滤渣，取药液加入3千克的1：1糖浆，可喂70脾蜂，3天1次，3次为1个疗程。

154. 怎样防治欧洲幼虫腐臭病？

（1）病原及危害　欧洲幼虫腐臭病是蜜蜂幼虫的一种细菌传染病。在我国的中蜂蜂种上发生较为普遍，而西方蜂种较少发生。欧洲幼虫腐臭病的致病菌是蜂房球菌，其余为次生菌，如蜂房芽孢杆菌、侧芽孢杆菌及其变异型蜜蜂链球菌等。蜂房球菌是一种披针形的球菌，其直径为0.5～1.1微米，无运动型，为革兰氏阳性，但染色不稳定，有时显革兰氏阴性。该菌不形成芽孢，有时可形成荚膜。涂片检查可见多呈单个蜂房球菌存在，也有成双链状或梅花络状排列的。蜂房球菌在马铃薯琼脂培养基上生长良好。

　　1～2日龄的幼虫最易感染该病，感染该病的幼虫在4～5日龄时死亡。发病初期幼虫由于得不到充足的食物而改变在巢房中的自然姿态，有些幼虫体卷曲呈螺旋状，有些虫体两端向着巢房口或巢房底，还有一些紧缩在巢房底或挤向巢房口，见图6-4、图6-5。病虫失去珍珠般的光泽成为水湿状、浮肿、发黄，体节逐渐消失，腐烂的尸体稍有黏性但不能拉成丝状，具有酸臭味。虫尸干燥后变为深褐色，易被工蜂拉出，所以常有花子脾。

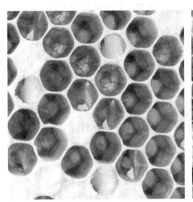 

图6-4　患欧洲幼虫腐臭病子脾　　图6-5　健康幼虫子脾（曹兰　摄）
　　　　（曹兰　摄）

（2）防治措施

　　①加强饲养管理：维持强群，做到蜂多于脾，同时保持充足饲料；蜂具需要严格消毒，可销毁病原感染较重的巢脾；可限制蜂王产卵，让群内幼虫数量迅速减少，切断传染源和途径，使蜂群尽快恢复健康。

②必要时结合药物治疗，可用抗细菌性药物或中草药。

中草药方一：穿心莲、蒲公英各5克，金银花3克，甘草1克，用水煎20分钟3次，后混合兑成50%糖液，视蜂量多少每群300～500毫升，3天喂1次，3次为1个疗程。

中草药方二：黄连20克，黄柏20克，茯苓20克，大黄15克，金不换20克，穿心莲30克，银花30克，雪胆30克，青黛20克，桂圆30克，五加皮20克，麦芽30克，加水2 500毫升，煎熬0.5小时滤渣，取药液加入3千克1：1糖浆，可喂80脾蜂，3天1次，4次为1个疗程。值得注意的是，由于黄连、黄柏等具有性寒特性，在生产实践中相关药方应谨慎使用：先试喂工群，在确定不伤蜂群后再全场应用。

155.怎样防治蜜蜂败血病?

（1）病原及危害　败血病是由蜜蜂败血假单孢菌引起的蜜蜂急性细菌性传染病。西方蜜蜂易发此病。蜜蜂败血假单孢菌为革兰氏阴性菌，在蜂尸中可存活30天，在土壤中可存活8个月以上，在阳光直射下可存活7小时，在73～74℃热水中可存活30分钟，100℃时3分钟被杀死。广泛存在于自然界，特别是污水和土壤中。蜜蜂在采集污水或爬行时被该菌污染并将其带回蜂箱中传播。春、夏季高温潮湿的气候为此病高发期，蜂场低洼潮湿、劣质饲料等可作为本病的诱发因素。

成蜂易发病，感染初期不易发觉，病蜂烦躁不安、拒食、飞翔困难，发病后期只需3～4天蜜蜂可全群死亡。死蜂颜色变暗、变软，肌肉迅速腐败，肢体分解，头胸、腹、翅、足分离。解剖病蜂可见血淋巴呈乳白色。

（2）防治措施

①加强饲养管理：注意蜂场位置是否在干燥向阳、通风良好、有清洁水源的地方。蜂场要提供清洁水源防止蜜蜂采集污水。患病严重的蜂群要换箱换脾，用漂白粉消毒蜂具、蜂场等。

②药物治疗：用土霉素（每10框蜂0.125克）或四环素（每10框蜂0.1克），配制含药花粉饼或含药饴糖饲喂加以预防。含药花粉饼的配制和使用方法同美洲幼虫腐臭病的药物治疗方法。

156. 怎样防治蜜蜂囊状幼虫病？

（1）**病原及危害**　蜜蜂囊状幼虫病是由囊状幼虫病病毒引起的一种对蜜蜂危害很大的疾病。该病主要危害幼虫，导致幼虫大量死亡，极大影响蜂群的群势和生产能力。囊状幼虫病可以水平传播和垂直传播。水平传播有食源传播、交尾传播和媒介传播。食源传播指蜜蜂通过取食被病毒污染的食物而传染病毒的方式。蜜蜂囊状幼虫病多在春季或初夏的流蜜期之前暴发。2日龄幼虫最易感染，感染后多在5～6日龄时死亡。感染幼虫不能化蛹，虫体由白变黄，最后变成暗棕褐色。

蜂群染病具有以下特征：①当蜜蜂开始采集活动时，在巢内和蜂箱前可看到拖出的病死幼虫；②子脾中出现"花子"或埋房现象；③部分或全部未封盖的巢房内有头部变暗、膨大、充满液体的幼虫，用镊子将幼虫夹起，外观呈囊状。

（2）**防治措施**　囊状幼虫病的特点是"预防容易，治疗难"，对于该病有发病史的蜂场主要采取综合防治措施进行防治。

①严格消毒，可用5%漂白粉、石灰乳、甲醛或阳光直射等方法处理。

②病蜂群隔离处理，断子与药物治疗相结合。

③加强饲养管理，注意保温，及时补饲，清除蜂群中的寄生虫，防止农药中毒，减少应激。

④扩繁生产时，选择抗病性强的蜂群作为种群培育蜂王和交尾群。

⑤中草药预防：

中草药方一：贯众50克、金银花50克、元胡20克、甘草10克、黄连5克煎3次为1000毫升的滤液，以1∶1加白糖熬制可喂

40 ～ 50 群蜂。隔天饲喂 1 次，4 ～ 5 次为 1 个疗程。

中草药方二：半枝莲 50 克或华千金藤（海南金不换）10 克或五加皮 30 克、金银花 15 克、甘草 5 克，用法同上。

157. 怎样防治蜜蜂麻痹病?

（1）**病原及危害**　蜜蜂麻痹病又叫黑蜂病、瘫痪病，是由慢性麻痹病毒或急性麻痹病毒引起的。该病是一种传染性强的成年蜜蜂传染病，若不及时防治，轻则造成蜂蜜严重减产，重则造成成年蜂大量死亡。该病毒寄生于成年蜜蜂的头部，其次是胸、腹部神经节的细胞质内，肠、上颚和咽腺内也含有此病毒。蜜蜂麻痹病病毒是通过蜜蜂筑巢、调换巢脾、利用病群育王等途径相互传播的。阴雨过多、蜂箱内湿度过大，或久旱无雨、气候干燥，都会导致该病的发生。春季和秋季大量死亡的成年蜜蜂中，有较大部分是由慢性蜜蜂麻痹病引起的。

主要症状：由于神经细胞直接受病毒损害，引起病蜂麻痹痉挛，行动迟缓，身体不断地抽搐颤抖，丧失飞行能力，翅和足伸开，虚弱地振翅，无力地爬行，有的腹部膨大，有的身体瘦小，常被健康蜂逐出巢门之外，到后期则体表发黑，绒毛脱光，腹部收缩，如油炸过的一样。一般情况下，春季以"大肚型"为主，秋季以"黑蜂型"为主。

（2）**防治措施**

①提高蜂群的自身抵抗能力，选育抗病力强、健康无病的蜂群培育蜂王。

②在外界缺少蜜粉源时，及时补助饲喂，补给一定量的蛋白质饲料，增强群势、减少患病危险。

③及时处理病蜂。要经常检查蜜蜂的活动情况，如发现蜜蜂出现麻痹病症状，立即隔离治疗或将其消灭，以免将麻痹病传染给健康蜂群。

④防止蜜蜂吸食被污染的饲料。对蜜蜂要饲喂无污染的优质饲

料，如果蜜源植物已被污染，就要使蜂群迅速离开污染源。同时，要加强蜂箱保温，严防蜂群受潮。

⑤要做好蜂箱、蜂具、蜂场消毒工作。更换清洁的新蜂箱，用升华硫粉，均匀地撒在框梁上、巢门口和箱门口。每群每次用药5～10克，每隔7天用药1次，3次为1个防治疗程。

⑥中药喷脾：山楂25克，厚朴25克，茯苓25克，贡术25克，泽泻25克，莱菔子25克，生大黄25克，丁香25克，牵牛子25克，甘草5克，加水3000毫升煎熬0.5小时滤渣，取药液加入1∶1糖浆5千克，可交叉喷喂100脾，3天1次，病情好转即停止使用。

总之，对蜜蜂麻痹病只有发现及时、防治有力，才能控制病情、减轻损失。

158.怎样防治蜜蜂蛹病?

（1）**病原及危害** 蜜蜂蛹病又称死蛹病，是一种蜜蜂蛹期的病毒性传染病。意蜂较中蜂易发此病。该病可造成蜂蛹大量死亡，群势迅速削弱。蜜蜂死蛹病的发生与蜂种、气候、蜜源等条件有关。经调查发现，此病多发于受寒潮频繁侵袭的地方，发病时间多为春、夏两季。

死亡的工蜂蛹和雄蜂蛹多呈干枯状，有的也呈湿润状，病毒在大幼虫阶段侵入，病虫失去原有的光泽和饱满度，呈灰白色，后期变为浅褐色或深褐色。死亡的蜂蛹呈暗褐色或黑色，蜂尸无臭味，无黏性。发病的蜂蛹巢房盖被工蜂咬破，露出死蛹，头部呈"白头蛹"状。有少数病蛹发育为成年蜂，但这些幼蜂患病衰弱，死于巢房内，或出房后死亡。患病蜂群，工蜂采集力明显下降，分泌蜂王浆和哺育幼虫能力降低，所以对蜂蜜和蜂王浆产量影响很大，病情严重的蜂群出现蜂王自然交替或飞逃现象。

（2）**防治措施**

①以综合防治为主，选用抗病力强的蜂群培育蜂王。

②加强饲养管理，早春注意保暖，饲喂优质饲料，增强蜂群抵抗力。

③中草药治疗：黄柏10克，黄芩10克，黄连10克，大黄10克，海南金不换10克，雪胆10克，党参5克，桂圆5克，五加皮5克，麦芽15克，红参2克，加水1～1.5千克，文火熬0.5小时，滤去药渣，取药液按1：1的比例加入白糖或按1：2的比例加入蜂蜜配成糖浆，每晚喂1次。每方药喂30群蜂，连续饲喂3次为1个疗程，隔3天再喂1个疗程。也可以在傍晚进行喷喂，次数与前面相同。注意：先试喂2群，不伤蜂群再全场饲喂。

④做好消毒工作。清扫拖出蜂箱外的死亡蜂蛹，集中烧毁，隔离饲养。已患病蜂场换下病群蜂箱及蜂具，用火焰喷灯灼烧消毒。

159. 怎样防治蜜蜂白垩病?

（1）**病原及危害**　白垩病是由一种叫作蜜蜂球囊菌的真菌所引起的蜜蜂幼虫传染性真菌病。这种真菌侵袭西方蜜蜂幼虫，并且具有很强的生命力，在自然界中保存15年仍有活性。白垩病的流行具有明显的季节性，一般在春季和初夏发生，特别是阴雨潮湿、温度变化频繁的气候条件下容易产生。在蜂群里，患病幼虫的尸体以及被污染的饲料与巢脾是疾病传播的主要来源。

患白垩病的幼虫在封盖的前后死亡，雄蜂幼虫比工蜂幼虫更易被感染。死亡幼虫初期为苍白色，后期真菌繁殖大量吸水使幼虫失水干枯成质地疏松的白色石灰物质。严重时在巢房中和巢门口可见许多干块虫尸。

（2）**防治措施**　从饲养管理着手，用清洁无病脾换出病群内全部患病子脾和蜜粉脾，其换下的蜂箱和巢脾用硫黄密闭熏蒸消毒4小时以上，让发病蜂群处于高燥地带，保持巢内清洁干燥。换脾、换箱的蜂群，要及时饲喂0.5%麝香草酚糖浆，以后每隔3天喂1

次，连续喂3～4次，麝香草酚要先用适量的95%酒精溶解后再加入糖浆内。同时选育卫生行为强的蜂群育王，提高蜂群对白垩病的抗病力。

160. 怎样防治蜜蜂孢子虫病？

（1）病原及危害 蜜蜂孢子虫病是一种分布广泛的成年蜂病害，是由蜜蜂微小寄生孢子虫寄生在蜜蜂中肠上皮细胞内引起的疾病。雄蜂及蜂王对孢子虫也敏感，蜂王若被侵染，便很快停止产卵，并在几周内死亡。该病处理不好容易传染。用镊子拉开患该病的成年蜂尾部和胸部，使其露出中肠，中肠病理变化比较明显，发病蜂中肠明显膨大，由米黄色变为灰白色或乳白色，环纹消失不清，失去弹性和光泽，极易破裂。实验室诊断时，将病蜂在研钵中加蒸馏水研碎，制成玻片，在400～600倍显微镜下观察，若发现有椭圆形、带有折光性的米粒状孢子，即可确诊为孢子虫病。

（2）防治措施

①蜂群饲喂酸饲料：喂酸饲料可提高蜜蜂对孢子虫的抗性，蜂群越冬前补饲、春季补饲或奖饲时，每升饱和糖浆或蜂蜜中加入1克柠檬酸，提高饲料的酸度，降低蜜蜂中肠酸碱度，抑制孢子虫的侵入与增殖。也可用米醋糖水，用50克米醋兑1 000克糖水，连续饲喂2～4次。

②加强消毒：对饲料、蜂具等要进行消毒，对已受污染的蜂具、蜂箱、巢蜜等严格消毒。

a. 醋酸熏蒸。将每一个蜂箱（继箱）内装满巢脾，在上框梁上放120毫升醋酸（80%）后叠起来，密封，熏蒸1周后，通风数日，除去酸味后，箱、脾方可使用。

b. 氧化乙烯熏蒸。将待消毒的蜂具置于密闭空间，维持37.8℃的温度、80%的相对湿度，用浓度为18毫克/升的氧化乙烯熏蒸，一般24～48小时即可。

c. 热消毒。空箱、空脾中置一可升温的空间，将温度升到49℃，维持24小时，即可杀死孢子虫。

注意：蜂具消毒一定要脱蜂，不带粉和蜜，以防止蜜蜂损失，并提高消毒的效果。

③药物防治：烟曲霉素会破坏或阻止孢子虫营养生长，并抑制小孢子的DNA的复制，而对寄主细胞无不良影响，烟曲霉素防治蜜蜂微孢子虫病效果十分理想。使用方法：将烟曲霉素拌入蜂蜜或糖浆中，每升糖浆含25毫克烟曲霉素，每群蜂每次喂0.5升糖浆。根据Langridge（1961）Argala和Gochnavr（1969）试验，使用烟曲霉素治疗蜜蜂微孢子虫病，将药物拌入糖浆中的防治效果优于拌入花粉、糖粉、糖饼中饲喂。

④患病蜂场后期管理：凡有孢子虫病史的蜂场，应在往年的发病季节前做好预防孢子虫复发的措施，喂以酸性饲料，可控制孢子虫的暴发。选育抗病蜂种，蜂场育种时应选育无病史群，有过孢子虫病史的蜂群不再留作种群用。越冬期后保持箱内干燥，勤于翻晒蜂群的保温物，减轻箱内的冷湿度，促使蜂群飞翔排泄。

161. 怎样防治蜜蜂爬蜂病综合征?

蜜蜂爬蜂病综合征是所有种类爬蜂症状的总称，根据病原种类分为传染性爬蜂病与非传染性爬蜂病两大类型。从症状上看，其共同特点是青壮年蜂失去飞翔能力，在地面及蜂箱内爬行。带有爬蜂现象的疾病种类很多，其病原及病因十分复杂，有的是以一种病原为主，有的以几种病原混合感染为综合症状。

传染性爬蜂病主要表现为蜜蜂孢子虫病、蜜蜂螺原体病和蜜蜂病毒病。非传染性爬蜂病包括中毒性爬蜂，如有毒蜜粉源植物和药物中毒、劣质饲料引起的大肚爬蜂、环境污染及工厂排放有毒气体和污水造成蜜蜂大量死亡。发病与环境条件密切相关，当温度低，湿度大时病情重。

各类蜜蜂爬蜂病发病特征及防治措施详见表6-4。

表6-4　各类常见蜜蜂爬蜂病

种类	病名	病因	发病时间	表现症状	防治措施
传染性爬蜂病	孢子虫病	蜜蜂微孢子虫	南方3~4月，北方5~6月	危害成年蜂，对幼虫和蛹都不致病。传染性强。患孢子虫病的蜜蜂初期症状不明显，但在后期由于寄生的孢子虫破坏了中肠的消化作用，病蜂得不到必需的营养物质，会出现衰弱、萎靡不振、翅膀发颤、腹部膨大、飞翔无力等表现，病蜂常从巢脾上掉落下来，腹泻症状明显，病蜂不断从巢门爬出，在蜂箱附近死亡较多	隔离治疗，彻底消毒，药物饲喂见本章第二节，用酸性饲料控制，严重者焚烧
	螺原体病	螺原体	春季	患病蜜蜂大都是青壮年蜂。病蜂爬出箱外，不能起飞，三五成堆。病蜂肠道肿胀苍白，后肠积水或积粪便，死蜂类似中毒，吻伸出，但病蜂不在地上旋转、翻滚，巢内秩序基本正常。蜂腹部膨大，足翅颤抖。常与孢子虫病、麻痹病同时发生	抗病选育，选用优质饲料保持营养充足，做好消毒工作，换出病群箱脾，用甲醛加高锰酸钾蒸汽密闭消毒，病群用四环素（每10框蜂0.125克）调入花粉中饲喂
	马氏管变形虫病	蜜蜂马氏管变形虫	冬末春初	危害成年蜂，有传染性，蜜蜂过度疲劳易发此病，越冬蜂排棕红色粪便，变形虫包囊在中肠和小肠连接处的马氏管中，病蜂呈直线爬行	隔离治疗，彻底消毒，药物饲喂，用酸性饲料控制，严重者焚烧

（续）

种类	病名	病因	发病时间	表现症状	防治措施
传染性爬蜂病	麻痹病	蜜蜂麻痹病病毒	春秋季	病蜂麻痹痉挛，行动迟缓，身体不断地抽搐颤抖，丧失飞行能力，翅和足伸开，虚弱地振翅，无力地爬行，有的腹部膨大，有的身体瘦小，常被健康蜂逐出巢门之外，到后期则体表发黑，绒毛脱光，腹部收缩，如油炸过的一样	隔离处理，注重管理，提高蜂群抗病能力，做好消毒工作。山楂25克，厚朴25克，茯苓25克，贡术25克，泽泻25克，莱菔子25克，生大黄25克，丁香25克，牵牛子25克，甘草5克，加水3 000毫升煎熬0.5小时滤渣，取药液加入1∶1糖浆，5千克可交叉喷喂100脾，3天1次，病情好转即停止使用
	副伤寒病	副伤寒杆菌	冬末春初	患病蜜蜂腹部膨大，体色暗淡，体质衰弱，行动缓慢，失去飞翔能力并伴有腹泻，患病严重的蜂群，在早春排泄飞翔时，排出黏稠恶臭的褐色粪便，并可在蜂箱底及巢门前见到死蜂和排泄物。解剖消化道，呈灰白色，肠内充满稀糊状粪便	用药物糖浆饲喂或喷喂蜂群，常用的浓度和剂量：土霉素，每千克糖浆内加药10万～20万单位，每隔4～5天给药1次，连续3～4次为1个疗程
	败血病	蜜蜂败血杆菌	春夏季	是一种急性传染病，发病较快，死亡率高。病蜂腹部膨大，体色发暗，行动迟缓，有时出现肢体麻痹、腹泻等症状	每千克糖浆内加入土霉素10万单位，每箱蜂饲喂药物糖浆50～100毫升，每4～5天1次，连续3～4次为1个疗程
	小蜂螨病	狄斯瓦螨	春初秋末	幼虫房内死虫死蛹，成年的工蜂和雄蜂畸形，四处乱爬，无法飞行。蜂体上有时可见寄生螨	隔离治疗，断子用药灭杀见本章第二节，使用菊酯类药物配制的螨扑类药条，甲酸熏蒸箱内，交替用药避免抗药性
	大蜂螨病	亮热厉螨	春夏秋季	主要寄生子脾上，很少出现在巢脾外的蜂体上，寄生主要对象是封盖后的老幼虫和蛹，出房的被害幼蜂残翅不全，体弱无力	在成蜂体上只能存活1～2天，利用这一特性，可参照防治大蜂螨采用的断子法防治亮热厉螨

（续）

种类	病名	病因	发病时间	表现症状	防治措施
非传染性爬蜂病	枣花蜜中毒	钾离子含量过高；生物碱	5～6月枣花期，花期约30天	采集蜂腹部膨大，失去飞翔能力，在巢门前呈跳跃式爬行。中毒严重者，蜜蜂仰卧在地面，腹部抽搐，死蜂翅膀张开，腹部向内勾曲，吻伸出，呈中毒状。枣花蜜中毒严重时，爬蜂和死蜂遍地，群势迅速下降	枣花期饲喂2%淡盐水，保留或贮存足量的粉脾，用甘草水或生姜水配制0.1%糖浆饲喂，做好防暑降温工作
	甘露蜜中毒	昆虫分泌物，蜜露，茎叶分泌物	早春或秋季	甘露蜜中毒的蜜蜂腹部膨大并伴有腹泻症状，失去飞翔能力，通常在巢脾框梁巢门外缓慢爬行，体色油黑发亮。解剖消化道可见蜜囊呈球状，中肠灰白色，环纹消失，失去弹性，后肠呈黑色，其内充满水状液体并伴有块状结晶物。中毒严重的蜂群，不仅成蜂死亡，幼蜂及幼虫也会死亡	留足越冬饲料，蜂场摆在没有松、柏树及无甘露蜜的地方。对于已中毒的蜂群摇出已采集甘露蜜的蜂脾，换以蜜脾或糖浆饲喂，同时注意防止蜜蜂并发其他疾病
	农药中毒	各种杀虫剂农药	花期施药期	蜂群突然出现大量死亡，死蜂多为采集蜂，强群较弱群严重，蜜蜂性情暴躁，追逐人畜，蜂和脾潮湿。中毒采集蜂，在地上翻滚、打转，不停抽搐。死蜂双翅张开呈K型，腹部内弯，吻伸出	蜂群提前幽闭或迁移，清除脾上有毒饲料，饲喂相应解毒药物及饲料，见本章第四节
	腹泻病	劣质饲料或采集了甘露蜜	冬季或早春	腹部膨大，肠道积粪，较重者巢内排泄，有恶臭。越冬期间，病蜂急于出巢排泄而被冻死	更换蜜脾或饲喂优质饲料。有条件可补充助消化类益生菌
	卷翅病	高温干燥	高温干燥天气	幼蜂翅膀不能伸展，形成卷翅，不能飞翔	做好降温工作，保证饲料和水充足

（续）

种类	病名	病因	发病时间	表现症状	防治措施
非传染性爬蜂病	体质弱小	变，蜂群变弱引起营养不良或气温骤	全年，春季多发	肢翅健全，体型弱小，幼蜂试飞困难，30%出现跳跃现象	保温，紧脾，减少工蜂哺育负担，饲喂增强体质的优质饲料

第三节　西南地区常见的蜜蜂敌虫害

162. 怎样防治蜂螨？

（1）**病原及危害**　蜂螨是蜜蜂的体外寄生螨。危害蜜蜂常见的螨类有大蜂螨和小蜂螨，它们一生均在蜜蜂巢房内繁殖。

大蜂螨在蜜蜂的体外寄生，见图6-6。大蜂螨在未封盖的幼虫房中产卵，繁殖于封盖幼虫房，寄生于幼虫、蛹及成蜂体上，吸取血淋巴，造成蜜蜂寿命缩短、采集力下降，影响蜂产品产量。受害严重的蜂群出现幼虫和蛹大量死亡。新羽化出房的幼蜂残缺不全，幼蜂到处乱爬，蜂群群势迅速削弱。

小蜂螨发育期短，有的新成螨会咬破房盖转房再行繁殖危害，从而会使房盖出现形如针孔状大小的穿孔；感染蜂群巢门口经常会见到死亡的幼虫和蛹以及大量爬蜂；严重感染的蜂群，由于大量幼虫和蛹的死亡还常发出腐臭味；用力敲打巢脾框梁时，巢脾

图6-6　大蜂螨

上会出现赤褐色的、长椭圆状的并且爬行很快的螨，这些都是小蜂螨感染的特征。被其危害的蜂群、蜂王及工蜂的生产力大减，蜂儿发育不良，群势衰弱，严重时甚至全群死亡。小蜂螨主要寄生在子脾上，特别是封盖后的老幼虫和蛹上，小蜂螨的足较长，行动敏捷；常在巢脾上迅速爬行；具有较强的趋光性，在阳光或灯光下很快从巢房里爬出来；在封盖房内新繁殖成长的成螨，随新蜂一起出房。小蜂螨在成蜂体上只能成活1～2天，利用这一特性，可采用断子防治小蜂螨。在灭杀蜂螨时，如果防治方法和使用药物不当，极易污染蜂产品，影响其品质。

（2）防治方法

①断子灭杀法：因为蜂螨主要是以蜜蜂幼虫为载体寄生的，所以蜜蜂的自然断子期是杀灭蜂螨最有利和最关键的时期。操作方法是：在蜂王尚未开始产卵、蜂群内尚无封盖幼子、蜂螨主要集中寄生于成蜂体表的时候，选用高效无污染的杀蜂螨药进行杀灭。此法能将隐匿寄生的蜂螨彻底灭杀。

②人工隔离法：根据小蜂螨在成蜂体上仅能存活1～2天的生物学特性，人为地造成蜂群断子2～3天，使蜂螨找不到寄主而死亡。具体做法是：先将蜂群内的子脾用隔离板隔离起来，并将巢箱中的子脾全部调到继箱中（为使蜜蜂能自由出入，可在隔螨板前端开一小巢门），补足空脾供蜂王产卵，然后换上隔螨板代替隔王板，隔离子脾约24小时，继箱中的蜂螨随工蜂羽化出房后，因得不到食物和无幼虫作繁殖场所而死亡。采用此法杀螨，有效率可在90%以上。

③挂药熏蒸法：用图钉将熏蒸杀螨药片，如氟胺氰菊酯等，固定于蜂路间，使用剂量为强势蜂群2片，弱势蜂群1片，3周为1个疗程。因为熏蒸杀螨药片具有挥发持续时间长，对陆续出房的蜂螨可相继杀灭的功效，故防治效果极佳，最高可达100%。采用此法，只要在随同检查蜂群时将药片挂在巢脾上即可，不需另行开箱，与喷雾法相比，可提高功效5～10倍。

④带蜂喷雾法：先将触杀型的杀蜂螨药如氟胺氰菊酯等按每毫升药剂（使用剂量每巢脾5毫升左右）加300～600毫升水的比例配制成药液，充分搅拌后装入喷雾器中，均匀喷洒在带蜂巢脾的蜂体上（喷至蜜蜂体表呈现出一层细薄的雾液为宜），然后盖好蜂箱盖，约30分钟后蜂螨即因急性中毒而从蜂体上脱落，24小时内即可全部死亡。

在蜂螨的无公害防治中应注意，优选杀螨药物是确保蜂产品免遭污染的关键。目前，防治蜂螨的药物主要有触杀剂（如双甲脒液）和熏蒸剂（如氟胺氰菊酯、升华硫、甲酸等）。应选择无污染、无残留的高效杀蜂螨药，如氟胺氰菊酯，减少药物对巢脾的接触，减少污染蜂产品的机会，对人、畜、蜜蜂都安全，而且使用方便、省工省时。

163. 怎样防治巢虫？

（1）病原及危害　巢虫是蜡螟的幼虫，蜡螟属鳞翅目、螟蛾科。巢虫是蜜蜂的主要敌害，都以蜡屑为食，并钻入巢房底部蛀食巢脾，逐步向房壁钻孔吐丝，使蜜蜂幼虫到蛹期不能封盖或封盖后被蛀毁产生"白头蛹"，常造成蜂群逃亡或大批封盖蛹死亡，见图6-7、图6-8。受巢虫危害的蜂群，群势较弱，繁不起蜂，生产力下降或消失。

图6-7　被巢虫侵害的子脾（曹兰　摄）　　图6-8　巢虫（曹兰　摄）

蜡螟为完全变态昆虫，生活史包括卵、幼虫、蛹和成虫四个阶段。蜡螟生活史为2～6个月，在我国一年可发生3代，在广州可发生5代。羽化出来的成蛾不需要食物和水分。成蛾在夜间活动、交尾，喜在蜂箱缝隙中产卵。一只成蛾每只产卵1 000粒左右，最适温度29～35℃，温度过高或过低，46℃以上，0℃以下都会使大蜡螟生长缓慢，甚至死亡。

（2）**防治方法**

①生物防治：目前国外主要用生物防治方法防治巢虫，通过茧蜂、线虫和苏云金芽孢杆菌等寄生性天敌防治大蜡螟。

②药物熏蒸：国内有张中印提出的使用磷化铝或磷化钙来熏蒸巢脾和蜂箱，一次便能达到消灭巢虫的目的。用于熏蒸杀灭巢虫的药物还有硫黄、醋酸和甲酸，但这三种药物浓度过高对人有害，操作需要谨慎。除了用药物进行浸泡、熏蒸、喷脾以外，还有很多特殊的管理措施可以起到防治巢虫的效果，如用防水油膏涂刮蜂箱，在蜂箱上改造安装巢虫阻隔器，巢脾的冷藏处理，阳光下暴晒巢脾等。

③巢虫引诱剂：在巢虫暴发季节，在患病蜂群箱底放入巢虫引诱剂，到一定时间集中对引诱盒里的巢虫进行清理，可以减少箱内巢虫。

在巢虫防治过程中应注意：依据蜂群自身的清理行为、驱除杂物的习惯，在箱内框梁上、箱底以及脾面上暴露的巢虫极易被工蜂发现，并被驱除下脾。大幼虫因其重量大不易被工蜂托出，部分会留在箱底缝隙，吃箱底的蜡屑残渣，小幼虫一旦被工蜂发现会被带出箱外。因此，蜂箱底部最好不留缝隙，以光滑为主，巢房的深度不应太深，便于工蜂更好地发现、驱除巢虫。

164. 怎样防治胡蜂？

（1）**胡蜂的危害**　胡蜂是蜜蜂的主要敌害之一，见图6-9。其体大凶猛，攻击力强，不仅能拦劫空中飞行的蜜蜂，而且还敢守立在蜂箱巢门口前，大量咬食出入巢门的蜜蜂。当弱群巢门足够大时，胡蜂能进入巢门攻入弱小蜜蜂群中，造成严重危害。

胡蜂在世界各地均有分布，种类多达180余种。我国胡蜂有14个种和19个变种。自然界中野生的胡蜂，在我国南方山区因气温的差别一年中可繁殖4～6代，春、夏、秋三季繁殖，冬季多为越冬状态。中、西蜂均易受胡蜂的危害，胡蜂来袭时，西蜂较中蜂损失更严重。胡蜂的营巢因胡蜂的属种不同而有差异。它们分别选择在适宜的大树枝杆上、树洞、岩洞、土洞里筑巢，如黑胸胡蜂、黑盾胡蜂、黑尾胡蜂是在树干上筑巢，金环胡蜂是在土洞里筑巢。胡蜂巢直径大的达60厘米。胡蜂是杂食性昆虫，成虫会采食花蜜，主要以肉食为主。胡蜂捕食昆虫的成虫和幼虫，当外界缺少其他昆虫食源时，蜜蜂就成为了胡蜂的主要猎捕对象。

（2）胡蜂的防治

从生态平衡角度上讲，胡蜂是有利于保护森林的益虫，尽量不要杀绝。若胡蜂对蜂群产生了严重的威胁，可根据实际情况选择以下防治方法。

①防护法：在胡蜂危害时节，于蜜蜂巢门口前安上金属丝防护网，巢门开口尽量小（以圆洞为好），阻止胡蜂入侵蜂箱或接近巢门。

图6-9　胡　蜂　　　　图6-10　胡蜂防治药物之一

②毒杀法：用虫罩网住活体胡蜂，戴上防蜇手套（注意个人防护）把胡蜂毒药（图6-10）涂在胡蜂背部，放胡蜂归巢，一天涂抹10只左右，连续3天；并在胡蜂造巢取材的牛粪中喷洒农药。利用胡蜂相互舔舐的生物学特性达到毁灭全巢的目的。

③诱杀法：在细口瓶内装入3/4蜜醋（稀食醋调入蜂蜜）挂在蜂场附近。还可以用1%的硫酸亚铊、砷化铅或有机磷农药其中的一种拌入水、滑石粉和剁碎的肉团里（水、滑石粉和肉团的比例为1：1：2），盛于盘内，放在蜂场附近诱杀前来取食的胡蜂，同时注意其他家饲动物安全，以免毒到家猫家犬。

165. 怎样防治茧蜂？

（1）**茧蜂的危害**　茧蜂属膜翅目、茧蜂科昆虫。2007年在广东省首次发现，现在贵州、重庆、湖北、四川及台湾均有分布。蜜蜂茧蜂主要寄生中蜂群，在蜜蜂幼蜂体内吸取营养，寄生率高达20%左右。

中蜂被寄生，初期无明显症状，在感染后期，蜂群采集情绪降低，工蜂腹部稍膨大色泽暗淡，大量离脾，六足紧握，附着于箱底或箱内壁，无飞翔能力，呈爬蜂状，螫针不能伸缩、不蜇人。待寄生茧蜂幼虫老熟时，整个幼虫几乎充满工蜂腹腔，从中蜂肛门处咬破蜜蜂体壁爬出，被侵害工蜂表现出急躁、前后翅上举、四处爬动等症状，工蜂"产出"寄生蜂幼虫后约30分钟即死亡。解剖死亡工蜂发现，1只患病工蜂体内仅有1只寄生蜂幼虫，紧贴工蜂中肠。寄生蜂幼虫通体乳黄色、具体节、两头稍尖、可自行蠕动，见图6-11。

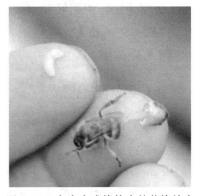

图6-11　寄生在成蜂体内的茧蜂幼虫（曹兰　摄）

（2）**茧蜂的防治**　对此寄生

蜂尚无有效的防治药物，应避免从受灾区引入蜂群。茧蜂容易在蜂箱缝隙或箱底泥土中作茧化蛹，故应在4月化蛹之前彻底打扫蜂箱，清除蛹茧，适时消毒、灼烧。加强蜂群管理，及时发现被感染蜂群并做销毁处理，防止被感染蜂场随着蜂群的流动进一步扩散。

166. 怎样防治蚂蚁？

（1）**蚂蚁的危害**　蚂蚁为典型的社会性群体，是危害蜂群的敌害之一。它常在蜂箱附近爬行，从蜂箱缝隙处或巢门爬入蜂箱内围杀蜜蜂，不仅盗食蜂蜜，而且还在蜂箱、盖布上产卵繁殖，使蜜蜂不安定。在南方的白蚁虽然不直接危害蜂群，但常蛀食蜂箱，造成损失。

（2）**蚂蚁的防治**

①隔离法：把蜂箱放在支架上，支架四条腿放入能盛水的容器中，再在容器中注入水，隔断蚂蚁爬行的路径。

②诱杀法：用灭蚁诱剂杀灭，见图6-12。寻找到蚂蚁窝洞口或蚂蚁经常经过的路径，把灭蚁诱剂投放进蚂蚁经常路过的地方或蚁窝内，能全巢杀灭。

图6-12　防治蚂蚁药之一
（曹兰　摄）

③驱除法：用烟叶和水按1∶1的比例浸泡15～30天，将浸泡好的烟叶水浇于蜂箱四周。若在其中加入苦灵果浸泡，则防蚁效更佳。

167. 怎样防治鼠？

（1）**鼠的危害**　鼠对蜂群的伤害主要是在蜂箱内做窝产仔啃咬蜜脾，并污染蜂蜜。鼠在蜂箱内活动，使蜜蜂受到惊扰，不能安静越冬，消耗饲料，蜜蜂缩短寿命，进而导致春衰。

（2）**鼠的防治**　以预防为主。在准备蜂群越冬时，于蜂箱巢门前钉一排小钉，见图6-13，使蜂箱没有鼠可钻入的洞隙。越冬室内的孔洞用水泥封堵，并在角落放置毒饵，粘鼠板、鼠夹、鼠笼等捕杀。

鼠进入箱内需要开箱驱杀，操作需要两人合作，一人用覆布盖好蜂脾，防止蜜蜂飞出，另一人用比隔板稍长的木板，阻挡鼠逃入隔板蜂团处，再用夹子夹住鼠。若箱内的蜂尸完整，则可能鼠不在箱内，清理完毕后要缩小巢门或堵塞鼠专用通道口。

图6-13 自制防鼠防盗巢门（曹兰 摄）

168. 怎样防治蜘蛛？

（1）**蜘蛛的危害** 蜘蛛种类很多，大多是人类的益虫，是蜜蜂的敌害。它以昆虫的体液为食，对蜂群的危害主要是在巢门口工蜂飞过的地方或空间结网，狩猎捕捉粘在蛛网上的蜜蜂。蜘蛛猎食时先用毒牙里的毒素麻痹猎物，分泌消化液注入猎物体内溶解猎物，再慢慢吸食。在屋檐蛛网上或花朵上经常可以看到蜘蛛捕食蜜蜂的场景。蜘蛛的危害往往不被人们所注意，实际上，它虽不能使蜂群全军覆没，但危害严重时也可使蜂群群势削弱5%左右，不应小觑。

（2）**蜘蛛的防治** 以人工扑打防范为主。应经常察看蜂场周围是否有蛛网，特别是在清晨时分尤为重要。如发现蛛网，应立即清除，并且一定要将蜘蛛捉住，否则它在次日还会在附近结网，继续危害蜂群。由于蜘蛛是有益动物，可以考虑将捕捉的蜘蛛放到远离蜂场的地方去。

169. 怎样防治蛞蝓（鼻涕虫）？

（1）**蛞蝓的危害** 蛞蝓是蜂群的敌害之一，各种蜜蜂均受其害，尤其对中蜂危害更甚。蛞蝓，见图6-14，又叫陵蠡、托胎虫、鼻涕虫、蜒蚰等，为软体动物。

蛞蝓生活于阴暗、潮湿处，在南方深秋至整个冬季危害蜂群。蛞蝓在蜂箱内缝隙处产卵，寻食蜡渣花粉，栖息于蜂箱各个部位，严重者在巢框上也能发现，在箱内分泌黏液，见图6-15，不及时防治会让整个蜂箱变潮湿、变脏，其黏液中含有多种酶，蜜蜂沾上黏液后或遭受酶解，最后被蛞蝓吞食或爬出箱外在48小时左右死亡。中蜂对蛞蝓抵抗力弱，经不起频繁侵害，只得弃巢而逃。

图6-14　蜂箱内的蛞蝓（张洋　摄）　　图6-15　粘满蛞蝓黏液的蜂箱底部（曹兰　摄）

（2）**蛞蝓的防治** 以预防为主，防治结合。

①清扫场地，铲除杂草，保持箱内清洁卫生。

②用中草药煎汁喷洒场地，苍术20克、菖蒲20克、枫球20克、椒叶10克、雷公根地香10克、木天蓼20克，于1千克水中煎汁，喷洒16米²的场地。

③把生姜粉撒在蛞蝓出没的地方，蛞蝓对生姜的气味非常敏感，会远远走开。

④用浓盐水喷洒地面驱除成虫。

第四节 蜜蜂非传染性疾病和其他异常

170. 高低温对蜂群有哪些影响？如何防治？

当蜂群无法调控温度、维持正常繁育的温度时，则会造成卵、幼虫和蛹冻伤或高温伤害。

（1）**高温的影响** 蜂群在长途转运过程中，若群势过大，而蜂箱内又缺乏充足的空间和通气条件，往往会引起一些蜂群躁动、吸食蜂蜜，使蜂箱内的温度不断上升，造成大量成蜂的闷死，箱内的幼虫和卵蛹也会由于无法忍受这种高温而死亡。封盖子发育时的巢温高于37℃，将有超过50%的蜂子畸形或死亡。幼虫期群内子脾间正常温度应保持在34.4～34.8℃。

（2）**低温的影响** 虫卵受冻是由于外界天气过冷所致。早春繁殖期，幼虫的数量快速增加，超过成蜂所能照顾的量，夜晚蜂团收缩，部分卵虫不能被蜜蜂覆盖，便会受冻。一般来说，外界气温低于14℃就很有可能导致虫卵受冻，子脾间温度低于32℃时则幼虫发育受到抑制。受冻的幼虫和卵多出现在蜂团的侧面和下部边缘，受冻的蜂卵通常呈干枯状，无法孵化，气味一般较淡，有时也有令人讨厌的酸味；受冻幼虫的外表一般为奶黄色，腹部边缘带有黑色或褐色，幼虫质地干脆，呈油脂或水状，不黏稠，封盖幼虫的死亡有时会出现穿孔现象。同其他幼虫病相比，显微镜诊断冻死幼虫一般找不到病原微生物。

（3）**防治方法** 夏季应做好蜂群的遮阳降温，盛夏应晚上运蜂，运输蜂群途中注意通风，均可降低高温对蜜蜂的伤害。冬季保温，主要是加强蜂群饲养管理，保持蜂群内有充足饲料，合并弱群，提高蜂群的抗寒能力，防止虫卵受冻。在气温不稳定时要注意避免子圈过大，及时调整子脾，限制产卵圈，做到蜂多于子，以免造成冻死或卷翅病的发生。

171. 不良遗传因素易引起哪些疾病？

在高度近亲繁殖的蜂群内，常出现大面积发育参差不齐的幼虫，蜂王所产的卵约有50%不能孵化。在没有病原物浸染的情况下，群内出现卵不孵化、幼虫不化蛹或蛹死亡等症状，这些症状大部分来自于遗传缺陷。遗传病的预防原则为避免近亲繁殖。每隔3～5年应向专业育王场购买数只新王，引进新的"血缘"，先试养1年考察其生物学特性和生产性状，若满意，则翌年用其培育新蜂王，替换本场饲养的蜂种；或自育蜂王2～3年后，从其他蜂场引入性状优良蜂群的幼虫育王，两蜂场之间相隔越远越好，至少20千米以上。

172. 怎样防止蜜蜂农药中毒？

控制和减少农药中毒对养蜂业的损害，以预防为主，加强沟通与协调，同时也应注重事故的应急处置。蜜蜂农药中毒的预防措施包括以下几点：

（1）**确定合适的放蜂路线**　转地蜂场在确定放蜂路线时，应主动与当地相关农业主管部门或行业协会取得联系，一方面按照农业部门的总体安排合理选择放蜂场地，另一方面也可请求农业主管部门或行业协会以合适的方式宣传、重申、督促放蜂场地附近的基层单位监督农药的合理使用，尽量做到防治作物病虫害和蜜蜂授粉、采蜜互不影响。

（2）**场地的安全选择**　不论定地还是转地放养蜜蜂，在放置蜂群时蜂群和大面积的农作物之间应保持一定距离，最好能保持在1千米以上，这样既不会影响蜜蜂的正常采集活动，又可在作物施药时减少蜜蜂中毒的机会。

（3）**加强沟通**　在放蜂过程中，特别是蜂群进入采蜜场地前后，养蜂者应注意了解和掌握在蜜蜂采集范围内农作物和林果树等种植单位或农户的用药习惯和方法，主动与作物种植者及所在乡、村等基层管理组织、站所取得联系，及时进行沟通。一方面尽到告知义务，告知蜂群具体的进场时间及蜂场位置；另一方面宣传蜜蜂授粉的重要意义以及《养蜂管理办法（试行）》《农药使用条例》等法律法规中有关安全使用农药的规定，力争与相关单位、人员在蜂场附近作物花期使用农药方面达成共识。其内容主要包括以下五个方面：

①在条件允许的情况下，农作物的病虫害防治应尽量采用加强田间管理措施或生物防治的方式，既环保又经济。施用农药会杀死大量蜜蜂及对作物有益的昆虫，严重破坏害虫与其天敌益虫的自然平衡，从而造成害虫的大量繁殖而给作物种植者造成危害。

②为兼顾养蜂生产，农作物施药应在花期前或花期后为好，避开盛花期，特别是一些药效长的药物更应在花期以后喷洒，减少蜜蜂中毒风险。

③如果作物种植单位或个人必须在作物开花期间大面积喷洒对蜜蜂有毒性的农药，应该提前3天通知附近的养蜂场，以便蜂场采取预防措施。

④如果需要施用化学农药防治害虫，需选择适当的农药种类，选好最安全的施药时间和方法。开花期施药时，应选用高效低毒、残效期短的农药，或选用对蜜蜂无毒无害的药物，禁止喷洒对蜜蜂有强烈毒性的农药。在蜜蜂出巢采集之前的清晨、采集归巢后的晚上施药更为安全。在施药方法上有喷雾和喷粉两种，一般来说，同一种药物，粉剂的毒性高于喷雾剂，油剂及浓缩剂的毒性高于乳剂及悬浮剂，因此，用水悬液喷雾对蜜蜂相对较安全。

⑤在不影响农药效果和不损害农作物的前提下，可以在农药内加入适量的蜜蜂驱避剂，如苯酚（石炭酸）、硫酸烟精、煤焦油（使用时需加少量肥皂乳化）等，以减少蜜蜂在被施药作物上的采集活动，降低蜜蜂中毒的概率。由此而造成的施药成本的增加，可

以由双方协商合理分担。

（4）**适时规避** 在喷药期间，蜂场可以根据所施农药残效期和毒性对蜂群进行暂时搬移（迁场）或幽闭。

①幽闭：若是农药残效期不超过48小时，蜂群又一时无法搬走，可对蜂群提前进行幽闭处理。在幽闭期间，要做好蜂群的通风降温工作，保持蜂群黑暗与安静，并保证有充足饲料。

在施药的前1天晚上关闭巢门，关闭时间长短依据喷洒药物种类而定，通常情况下，喷洒除虫菊、杀虫剂和除草剂为4～6小时，喷洒乙基对硫磷（1605）为2～3天，喷洒砷和氟制剂为4～5天。其他农药，根据残效期长短，参照上述原则决定幽闭时间。

在幽闭蜂群期间，要保持蜂群内有充足的蜂蜜和花粉，做好遮阳，保持箱内黑暗和蜜蜂的安静，盖上纱盖或者加空继箱，使蜂巢内空气保持流通。经常喂水，尤其是夏季气温高时，更应注意给蜂群喂水、降温和通风。如果关闭的时间太长，可以在傍晚蜜蜂停止飞翔时，打开巢门，次日清晨在蜜蜂未飞出巢箱之前，再关闭巢门。

②迁移：如果蜜源场地作物确实需要施用农药，并且预计采取幽闭等措施还是无法有效控制蜜蜂大量中毒死亡的可能性，或是幽闭后本场地花期即将过去而蜂群无法利用时，则应该果断地将蜜蜂暂时撤离原场地，转移到备用场地暂避或直接到其他蜜源场地进行生产。

173. 蜜蜂农药中毒后有什么特征？

大多数的农药能使采集蜂中毒致死，而对蜂群的其他个体无严重影响。有的农药不仅能毒死成年蜂，而且还能毒死各个时期的幼虫。极端情况下，采集蜂将农药带进蜂箱内，使蜂箱内的幼虫和青年工蜂中毒死亡，甚至全群死亡。

农药中毒的主要特点：巢门口、蜂箱内和全场突然出现大量死蜂，采集能力越强的蜂群，损失越严重；中毒蜂群性情暴躁、爱蜇人畜；中毒蜜蜂肢体颤抖，在地上乱爬、翻滚、打转；死蜂两翅张开，腹部向内弯曲，吻伸出。

174. 蜜蜂农药中毒后应采取什么防治措施？

蜜蜂农药中毒后一方面应能迅速、准确判定蜜蜂农药中毒，另一方面则应在最短的时间内采取应急处置措施。

（1）**病情判断** 蜜蜂农药中毒死亡应从以下的症状中迅速加以判定：

①蜂场内蜂群出现突然大量死亡的迹象，且死蜂多为采集蜂，强群死蜂数量多，弱群死亡数量很少，交尾群几乎无死蜂。

②中毒蜂群蜜蜂大量涌出蜂箱，在蜂箱巢门上部箱体、地面、树枝等处聚焦、结团，并且蜜蜂性情变得非常暴躁，会追逐人畜，主动攻击附近人群。

③蜂体和蜂脾潮湿，类似被喷过水一样。

④开箱检查提起巢脾时可见工蜂纷纷坠落箱底，无力附脾，箱底可见许多死蜂。

⑤中毒蜜蜂蜜囊内饱含花蜜或后足花粉筐中携带有花粉团，在地上翻滚、打转。

⑥蜜蜂死后呈双翅张开、腹部内弯、吻伸出的特殊形态。

⑦拉出死蜂中肠，可见中肠缩至3～4毫米，环纹消失。

⑧中毒严重的蜂群幼虫也会死亡，常出现"跳子"现象（蜜蜂中毒后巢脾中的大幼虫或蛹被从巢房中拖出而掉入蜂箱底部），幼虫会落入箱底。

（2）**抢救措施**

①初期应对措施：当发现蜂群出现农药中毒的迹象后，应迅速采取相应的急救措施。中毒初期，中毒死亡的只是少部分采集蜂且症状较轻时，可迅速对蜂群采取幽闭措施，以免损失进一步扩大和蔓延；如果中毒情况较重，蜂群中幼蜂和哺育蜂也出现中毒死亡的迹象时，应迅速关闭巢门，及时迁场。

②后续抢救措施：对于应急幽避或迁场后的蜂群，及时采取解毒、抢救措施。

a. 立即饲喂1 : 4的稀糖水或甘草水。

b. 饲喂相应的解毒药物，对于1605、E-1059、乐果等有机磷类农药引起的中毒，可用0.05% ~ 0.1%的硫酸阿托品或0.1% ~ 0.2%的解磷定溶液喷脾解毒；对于有机氯农药引起的中毒，可在250毫升的蜜水中加入磺胺噻唑钠注射液3毫升或片剂1片用水溶解，搅拌均匀后喷喂中毒蜂群。

c. 清除蜂群内所有混有毒物的饲料。

d. 将被农药污染的巢脾浸入2%的苏打溶液中浸泡10小时左右，使巢脾上的饲料软化，脱离巢房而流出，然后用水冲净，用摇蜜机将残留的饲料和水摇出，巢脾晾干后备用。

③善后工作：针对蜜蜂出现中毒症状而进行应急抢救的同时，蜂群管理者也应该根据情况尽可能地查清造成蜜蜂农药中毒的原因，第一时间搜集相关的证据并采取相应的措施加以固定，为以后的索赔工作创造条件。

总之，"前期预防工作扎实，后续抢救工作果断"是应对蜜蜂农药中毒的基本原则，遵循这一原则，采取以上方法，可大大减少蜜蜂中毒事件的发生，有效减少蜂农的损失。

175. 怎样防止蜜蜂植物中毒?

有毒蜜粉源植物引起的中毒，主要有甘露蜜中毒、枣花蜜中毒或其他有毒植物花粉、花蜜中毒几种。

（1）甘露蜜中毒

[中毒原因]

蜜蜂甘露蜜中毒是养蜂生产上常见的一种非传染病。甘露蜜的来源有两种：一种是由蚜虫、介壳虫等昆虫分泌的黄色无芳香味的胶状甜液；另一种是由于植物受到外界气温变化的影响或受到创伤，从植物的叶、茎或创伤部位分泌出的甜液。蜜蜂采集这两种物质，将其带回蜂巢，酿制成甘露蜜。

甘露蜜中毒多发生在早春和秋季蜜粉源缺乏时，在干旱年份或梅雨季节尤为严重。蜜蜂采集甘露蜜引起中毒，出现爬蜂症状。爬蜂即蜜蜂行动迟缓，在巢箱四周无力飞行，在地上爬行，直至失去生产采集能力或死亡。若防范不及时，容易给蜂场造成重大损失。

[中毒症状]

甘露蜜中毒的蜜蜂腹部膨大并伴有腹泻，失去飞翔能力，通常在巢脾框梁巢门外缓慢爬行，体色油黑发亮，解剖消化道可见蜜囊呈球状，中肠呈灰白色，环纹消失，失去弹性，后肠呈黑色，其内充满水状液体并伴有块状结晶物。蜜脾上贮蜜充足，并且出现大量白色结晶蜜，见图6-16、图6-17。中毒严重的蜂群，不仅成蜂死亡，幼蜂及幼虫也会死亡。

图6-16 结晶甘露蜜（曹兰 摄）

图6-17 巢脾上结晶的甘露蜜块
（曹兰 摄）

[诊断]

甘露蜜中毒可通过采集蜂和测定甘露蜜进行诊断。

①采集蜂诊断：当外界蜜粉源缺乏时，若出现大量采集积极的蜜蜂，可怀疑蜜蜂采集了甘露蜜。检查蜜蜂的消化道和蜜脾，若发现蜜蜂的消化道呈暗黑色，蜜脾内的蜜汁呈暗绿色并且无蜂蜜的芳

香味，青年蜂腹部胀大呈透明状，个别工蜂尾部出现具有黏性的很难掉落的排泄物，见图6-18、图6-19，在蜂群内出现较多的爬行蜂和死亡蜜蜂，即可初步诊断为甘露蜜中毒。

图6-18 尾部未脱落的黏液 　　图6-19 消化不良引起的死亡
　　　　（曹兰 摄）　　　　　　　　　（曹兰 摄）

②甘露蜜的测定

a.石灰水测定法——将待测的蜂蜜用蒸馏水作等量稀释并取2毫升稀释液放入试管内，加饱和石灰水上清液4毫升，摇匀后，加热煮沸，静置数分钟后，若出现棕黄色沉淀即证明含有甘露蜜。

b.酒精测定法——将待测的蜂蜜用蒸馏水等量稀释，取2～3毫升稀释液放入试管内，加入95%的乙醇至80毫升，摇匀，若出现白色絮状物或沉淀，见图6-20，即证明含有甘露蜜。

[防治措施]

①蜜源结束前，应给蜂群留足

图6-20 用酒精法检测甘露蜜
　　　的絮状物（曹兰 摄）

越冬饲料，此外还应注意将蜂群放在没有松、柏树及无甘露蜜的地方。

②对已经采集了甘露蜜的蜂群，应及时将蜂群内的甘露蜜摇出并喂以糖浆或换以蜜脾供蜜蜂食用。

③蜂群如因甘露蜜中毒并发生其他疾病时，应采用相应的防治措施，控制疾病传播蔓延。

（2）枣花蜜中毒

[中毒原因]

枣树分布较广泛，主要集中于山东、河北、河南等地，每年5～6月开花，花期约30天，是北方的主要蜜源植物之一。然而枣花期蜜蜂中毒引起爬蜂现象是比较普遍的问题。研究查明，枣花蜜中钾离子含量过高是引起蜜蜂枣花蜜中毒的主要原因。枣花蜜中毒程度与枣树开花期的气候及蜜源条件有密切关系，枣花期干旱，蜜蜂中毒严重，反之枣树开花期雨水调和，蜜蜂中毒减轻。

[中毒症状]

中毒的采集蜂腹部膨大，失去飞翔能力，在巢门前呈跳跃式爬行，严重者，蜜蜂仰卧在地面，腹部抽搐，死蜂翅膀张开，腹部向内勾曲，吻伸出，呈中毒状，枣花蜜中毒严重时，爬蜂和死蜂遍地，群势迅速下降。

[防治措施]

①枣树开花期，在蜂场上设置喂水器，并饲喂2%的淡盐水，以满足蜜蜂对钠离子的需要，调节蜜蜂体内钾、钠离子的代谢。

②搭设凉棚，为蜂群防暑降温，防止烈日直晒，扩大蜂巢，加继箱，扩大巢门，加强通风。

③因枣花花粉少，为满足蜜蜂对花粉的需要，应在蜂群进入枣花场地前，贮存一些粉脾，供蜂群在枣花花期使用。

④用甘草水或生姜水配制糖浆，也可在糖浆中加入柠檬酸饲喂蜂群，浓度为0.1%，对中毒蜂群有一定的缓解作用。

（3）茶花花粉、花蜜中毒

[**中毒原因**]

据相关报道，蜜蜂中毒的主要原因是油茶蜜中含有生物碱和寡糖，该寡糖主要是棉籽糖和水苏糖，两者均可以结合成为半乳糖，而蜜蜂不能消化半乳糖。

[**中毒症状**]

油茶花蜜和花粉对蜜蜂有毒，对人无毒。在天气干旱又缺乏辅助蜜源时，蜜蜂采集后会因引发生理代谢障碍和消化不良而中毒，子脾出现大批幼虫腐烂；幼虫呈灰白色或乳白色，失去环纹，死亡后瘫在房底，并发出酸臭味。成年蜂中毒后腹部膨大透明，震颤发抖，死在蜂箱外，使群势下降，意大利蜜蜂中毒后会很严重，中蜂适应性要强一些。

[**防治措施**]

①培育强群：盛花期之前培育出大量采集蜂，盛花期进场，蜂群扣王停止产卵，工蜂没有哺育负担。

②水源充足：蜂场附近要有充足的水源，以便蜜蜂适时采水，稀释油茶花蜜浓度，减轻蜜蜂中毒。

③保护油茶林生态系统多样性，利用好辅助蜜源。油茶林下或附近应保留与油茶同期开花的野生蜜源并人工栽培辅助蜜源，维持生物多样性，既抑制油茶病虫害的发生，又缓解蜜蜂中毒。

④利用解毒剂：油茶流蜜期间，每天给蜜蜂饲喂解毒剂。但目前市面上解毒剂解毒效果并不理想，尚需积极研制新一代解毒剂。

⑤及时取蜜脱粉：油茶盛花期及时取蜜脱粉，若哺育蜂儿需饲喂花粉可用油菜花粉或其他花粉替代品。

⑥加强保温：蜂箱内外进行保温，防止蜜蜂受冻，提高蜜蜂抵抗力。

⑦分区管理：若有待哺育的仔脾，可以在巢箱的中间用铁纱隔

成繁殖区和生产区，通过分区管理实现边生产边繁殖的目的。

（4）其他花粉、花蜜中毒

有毒的蜜粉源植物种类很多，蜜蜂中毒程度受气候条件影响较大，一般干旱年份中毒较重，外界蜜粉源缺乏时，中毒严重。不同蜂种之间由于采集习性不同，中毒程度也有差异。

[引起蜜蜂中毒的植物种类]

了解其主要种类及分布可以避免蜜蜂采取有毒花蜜或花粉，从而降低中毒事件的发生频率。结合国内已有报道及研究，我国主要有毒蜜源植物有以下几种：

①毛茛科：乌头、驴蹄草、飞燕草、白头翁、石龙芮、毛茛，以上植物大部分生长在山地草坡、沟边等地方。

②罂粟科：博落回，生于低山、丘陵、山坡、草地、林缘及新开垦的土地上。

③大戟科：大戟属，包括银边翠和一品红等，其中乳浆大戟大量分布在黄土高原上，是该属中主要有毒蜜粉源植物。

④卫矛科：雷公藤分布于长江流域以南各地区及西南地区。昆明山海棠在浙江、江西、湖南、四川、重庆、贵州、云南等地均有发现。苦皮藤产于河北、山东、河南、陕西、甘肃、江苏、安徽、江西、湖北、湖南、四川、贵州、云南及广东、广西等地。

⑤山茶科：油茶，我国各地均有种植，在南方各省广泛种植。

⑥瑞香科：狼毒，较多分布在黄土高原上。

⑦珙桐科：喜树，主要分布在长江流域及其以南各省。

⑧八角枫科：八角枫，分布在长江流域及以南各省。

⑨杜鹃花科：羊踯躅分布江苏、浙江、江西、福建、湖南、湖北、河南、四川、贵州等地，生于海拔1 000米的山坡草地或丘陵地带的灌丛或山脊杂木林下。南烛分布于华东、华南地区，仅少数分布至西南地区。马醉木分布于中国南部、台湾等地，产于台湾地区。

⑩马钱科：钩吻分布于中国江西、福建、台湾、湖南、广东、海南、广西、贵州、云南等地，印度、缅甸、泰国、老挝、越南和马来西亚等国家也有分布，生于海拔500～2 000米山地路旁灌木丛中或潮湿肥沃的丘陵山坡疏林下。醉鱼草产于江苏、安徽、浙江、江西、福建、湖北、湖南、广东、广西、四川、贵州和云南等省份，生于海拔200～2 700米山地路旁、河边灌木丛中或林缘。

⑪茄科：曼陀罗，分布于东北、华东、华南等地。

⑫百合科：藜芦，分布南北各地。

[中毒症状]

花蜜、花粉中毒多为采集蜂。初期中毒的蜜蜂呈兴奋状态，身体失去平衡，以后渐渐转入抑制状态，身体出现麻痹，行动缓慢，失去飞翔能力，在地面上爬行，有的吻伸出，后期中毒蜜蜂多在蜂箱内和蜂场地面爬行，最后死亡。花粉中毒多为幼年蜜蜂，腹部膨大，失去飞翔能力，在蜂箱底下或巢门外爬行，解剖中后肠，中后肠充满黄色花粉糊团。中毒严重的蜂群，还会出现幼虫死亡。

[诊断方法]

①花粉形态鉴定法：取中毒蜂群花粉5～10克加适量的水，用玻棒搅动使花粉均匀散开，以2 000～3 000转/分钟离心5～10分钟，弃上清液，再加少许水，使沉淀的花粉均匀，涂片，镜检，通过花粉形态，判断引起蜜蜂中毒的植物种类。

②蜂蜜中花粉鉴定法：取中毒蜂群中的新鲜蜂蜜25克，置于100毫升小烧杯中，加50毫升热水，使蜂蜜溶解和稀释，2 000~3 000转/分钟离心5分钟，使花粉沉淀，涂片，镜检，参照有毒蜜粉源植物标准图片，根据花粉形态鉴定中毒蜜粉源植物种类。

[防治措施]

①选择具有良好的蜜粉源场地放蜂，避开有毒蜜粉源植物的开花期。

②在定地的养蜂场附近，种植一些与有毒蜜粉源植物同时开花的蜜源植物，以避免蜜蜂去采集有毒的蜜粉源植物，从而减轻中毒程度。

③对发生花蜜、花粉中毒的蜂群，应及时从蜂群中取出蜜粉脾，喂以酸饲料如米醋、柠檬酸或姜水，加以解毒。

第七章 蜜蜂产品

第一节 蜂产品种类和作用

176. 蜜蜂产品有哪些种类?

蜜蜂产品主要有蜂蜜、蜂花粉、蜂王浆、蜂胶、蜂毒、蜂蜡、蜂蛹等。

（1）**蜂蜜** 蜂蜜是蜜蜂采集植物的花蜜、分泌物或蜜露，与自身分泌物结合后，经充分酿造而成的天然甜物质，见图7-1、图7-2。蜂蜜含有多种糖，主要是果糖和葡萄糖。蜂蜜的气味和色泽随蜜源的不同而不同，色泽是水白色、琥珀色或深色。蜂蜜在通常情况下呈黏稠流体状，贮存时间较长或温度较低时可形成部分或全部结晶。

图7-1 蜂蜜（郭军 摄）

图7-2 巢蜜（李林艳 摄）

（2）**蜂花粉** 花粉是由1个营养细胞和1/2个生殖细胞组成的显花植物的雄性物质，由蜜蜂采集花粉，用唾液和花蜜混合后形成的物质，为蜂花粉。花粉不仅携带着生命的遗传信息，而且包含着孕育新生命所必需的全部营养物质，见图7-3、图7-4。

图7-3 蜂花粉（李林艳 摄）　　　图7-4 油菜花粉（程尚 摄）

（3）**蜂王浆**　蜂王浆是工蜂咽下腺和上颚腺分泌的，主要用于饲喂蜂王和蜂幼虫的呈乳白色、淡黄色或浅橙色浆状物质，有光泽，见图7-5、图7-6。蜂王浆具有类似花蜜或花粉的香味和辛香味。

图7-5 蜂王浆制品（程尚 摄）　　　图7-6 王浆王台（郭军 摄）

（4）**蜂胶**　蜜蜂从植物芽孢或树干上采集树脂，混入其上颚腺、蜡腺的分泌物加工而成的一种具有芳香气味的胶状固体物，见图7-7、图7-8。

（5）**蜂毒**　蜂毒是工蜂毒腺和副腺分泌出的具有芳香气味的一种透明液体，味苦、呈酸性，酸碱度为5.0～5.5，贮存在毒囊中，蜇刺时由螫针排出（图7-9、图7-10）。新出房的工蜂只有很

图7-7 蜂胶毛胶（程尚 摄）

图7-8 蜂胶软胶囊（程尚 摄）

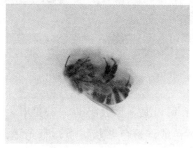

图7-9 蜜蜂排出蜂毒（高丽娇 摄）

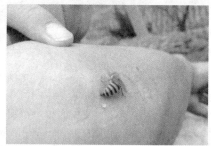

图7-10 蜜蜂螫针刺入人体
（高丽娇 摄）

少的毒液，毒液随着日龄的增长而逐渐积累起来，至15日龄时约为0.3毫克，约18日龄后就不再产生更多的毒液。

（6）蜂蜡 蜂蜡是蜂群内适龄工蜂腹部的4对蜡腺分泌出来的一种脂肪性天然蜡质，见图7-11、图7-12。在蜂群中，工蜂利用

图7-11 蜂蜡（李林艳 摄）

图7-12 蜂蜡唇膏
（李林艳 摄）

自己分泌的蜡来修筑巢脾、子房封盖和饲料房封盖，蜂蜡是构建蜂巢的重要成分，巢脾是供蜜蜂贮存食物、繁育后代和栖息结团的地方，因此，蜂蜡既是蜜蜂的产品，又是其生存和繁殖所必需的物料。

（7）**蜂蛹**　蜂蛹是蜂幼虫在封盖房未羽化的变态虫体，蜂蛹（包括雄蜂蛹、工蜂蛹及少许蜂王幼虫）在发育中均以王浆、蜂蜜、花粉为食，其营养丰富。蜂蛹既可作为食品，又是纯天然的营养保健品（图7-13）。

图7-13　雄蜂蛹（曹兰　摄）

177. 蜜蜂产品有哪些主要成分？

（1）**蜂蜜的成分**　蜂蜜是一种营养丰富的天然滋养食品，也是最常用的滋补品之一。蜂蜜除了含有葡萄糖、果糖之外，还含有多种无机盐、有机酸、维生素和铁、钙、铜、锰、钾、磷等有益人体健康的微量元素。

（2）**蜂花粉的成分**　蜂花粉含有丰富的蛋白质、氨基酸、维生素、蜂花粉素、微量元素、活性酶、黄酮类化合物、脂类、核酸、芸苔素、植酸等，其中氨基酸含量及比例是最接近联合国粮食及农业组织（FAO）推荐的氨基酸模式。

（3）**蜂王浆的成分**　蜂王浆含有蛋白质、脂肪、糖类、维生素A、维生素B_1、维生素B_2、丰富的叶酸、泛酸及肌醇，还有类乙酰胆碱样物质，以及多种人体需要的氨基酸等。

（4）**蜂胶的成分**　蜂胶所含成分极其复杂，有黄酮类化合物、酸、醇、酚、醛、酯、醚类及烯、萜、甾类化合物和多种氨基酸、脂肪酸、酶类、维生素、多种微量元素。

（5）**蜂毒的成分**　蜂毒主要成分为多肽类，占蜂毒干重的

70% ～ 80%，包括蜂毒肽、蜂毒明肽、MCD－肽、心脏肽、镇定肽（赛卡品）、四品肽（托肽品）、安度拉平（安度肽）、组胺肽等。

（6）蜂蛹的成分　蜂蛹的含水量72% ～ 80%，干物质中蛋白质含量占41%，脂肪含量占26%，糖类14.8%，含丰富的氨基酸、维生素、酶类、矿物元素。雄蜂蛹中维生素A和维生素D的含量丰富，尤其是维生素D的含量远远超过鱼肝油、蛋黄。雄蜂蛹的体液中含有丰富的游离氨基酸，比人体血液中游离氨基酸的含量高50 ～ 100倍，人体所必需的氨基酸在雄蜂蛹体液中皆可找到。蜂蛹同蜂王幼虫一样含有丰富的几丁质，这些几丁质中60%为几丁多糖。

178. 蜜蜂产品有哪些生物学功能?

蜜蜂产品都含有十分复杂的化学成分，它们在防病治病、养生健体等方面表现出许多重要的生物学特性。

（1）调节免疫机能

①蜂蜜在免疫功能方面具有双向调节作用，既可以增强机体免疫能力，又可以调节平衡免疫水平。

②花粉可使免疫器官脾脏和淋巴结重量增加，能加速抗体的产生，能增加T淋巴细胞和巨噬细胞的数量及巨噬细胞非特异性吞噬功能，能够减轻放疗、化疗引起的免疫器官损伤等。

③蜂王浆能显著增强人体腹腔巨噬细胞的吞噬能力，还与特异性免疫功能及抗癌活性有关。

④蜂胶能增强机体免疫功能，增加抗体产生，增加白细胞和巨噬细胞的吞噬能力，提高机体特异性和非特异性免疫能力。

⑤蜂毒及其组分蜂毒肽、蜂毒明肽具有免疫抑制作用，使用蜂毒可以抑制免疫作用。

⑥蜂蛹、蜂王幼虫含有丰富的几丁多糖，几丁多糖是一种很好的免疫促进剂，具有促进体液免疫和细胞免疫的功能。

（2）抗菌消炎作用

①蜂蜜对大肠杆菌、流感杆菌、链球菌、霍乱弧菌、沙门氏菌、黄曲霉菌、黑曲霉菌、黄青霉菌、革兰氏阴性和革兰氏阳性菌等15种致病菌均有显著抗菌作用。

②蜂王浆的抗菌作用与其浓度有关，0.1%的蜂王浆稀释液没有抗菌作用，同时还会促进细菌生长，1%的蜂王浆稀释液可以抑制葡萄球菌和链球菌的生长，10%的蜂王浆稀释液能够杀死伤寒杆菌、变形杆菌、金黄色葡萄球菌、霍氏肠杆菌等。

③蜂胶是蜂产品中最具抗菌活性的物质，它对细菌、真菌、病毒同时具有很强的抑制和杀灭作用。

④蜂毒对革兰氏阴性菌和革兰氏阳性菌都有抑制和杀灭作用，尤其是蜂毒对革兰氏阳性菌的抗菌作用比对革兰氏阴性菌的抗菌作用强100倍。

（3）抗氧化作用

①蜂蜜中含有多种能清除自由基、对防治疾病有效的抗氧化物质。所含抗氧化物质，因蜂蜜的产地不同而不同，且颜色较深的蜂蜜含量高，颜色较浅的蜂蜜含量低。不同蜂蜜抗氧化物质含量差异可达20余倍不等。

②蜂王浆可使动物体内的过氧化脂质和心肌细胞脂褐素明显下降，表明蜂王浆具有明显的抗氧化作用。

③蜂胶是产品中抗氧化能力最强的物质，在0.01% ~ 0.05%浓度下即具有很强的抗氧化作用，它不仅自身具有很强的抗氧化性能，同时还能显著提高人体内的超氧化物歧化酶（SOD）活性，更有效地清除自由基、防止脂质过氧化。

④蜂花粉也有抗氧化作用，给鼠饲喂蜂花粉可使老年鼠血、肝脏、肺中的SOD活力显著增强、自由基水平显著降低。使自由基水平恢复至接近青年鼠的水平，可以使中老年鼠血液中谷胱甘肽过氧化物酶含量增加到相当于青年鼠血液中的含量，还可以阻止鼠心肌及大脑皮层脂褐质的生成，使中老年鼠脂褐质含量与青年鼠没有差异。

⑤蜂蛹体壁具有很好的抗氧化能力，这主要是因为蜂蛹体壁中含有约60%的几丁多糖的缘故，它们可以显著提高机体内SOD活力，有效降低鼠血清和肝脏中脂质过氧化物质含量，降低鼠脑组织和心肌中脂褐素含量，有显著抗突变、抗肿瘤作用。

（4）调节物质代谢作用

①蜂蜜对血糖具有双重影响，低浓度的蜂蜜可引起血糖下降，高浓度的蜂蜜则引起血糖水平升高，这是因为蜂蜜中含有乙酰胆碱和葡萄糖的缘故，蜂蜜能引起肝糖原含量的增加，蜂蜜中的果糖不受胰岛素作用的影响，有利于糖尿病患者的能量补充和其他营养素的补充，有助于治疗糖尿病，因此糖尿病患者少量服用蜂蜜是有益的。

②蜂花粉可以给糖尿病患者适当补充必需的糖分，帮助糖尿病患者降低过高的血糖，有平衡血糖的作用。

③蜂王浆可增加被甲基硫氧嘧啶所抑制的甲状腺的吸碘能力，这一作用可使肾上腺素引起的高血糖降至正常，蜂王浆还能够降低四氧嘧啶引起的高血糖。

④蜂胶提取物具有双向调节血糖的作用，可以显著降低四氧嘧啶引起的鼠高血糖，而不会出现低血糖现象。

长期食用蜂蜜、蜂王浆、蜂花粉、蜂胶者，血中胆固醇三酰甘油的含量处于动态平衡，它们可维持血中正常浓度。高血脂患者服用上述蜜蜂产品，可以降低血脂、防治动脉硬化、改善血流变、维持血管壁弹性，有利于防治动脉硬化和心脑血管疾病的发生。蜂蜜、蜂花粉、蜂王浆、蜂胶、蜂毒、蜂蛹、蜂幼虫都含有多种氨基酸、蛋白质，尤其是蜂王浆、蜂花粉、蜂蛹、蜂幼虫中含量更为丰富。它们含有人体所需的各种氨基酸，参与细胞生成、损伤修复、新陈代谢等所有过程，对促进生长发育、免疫调节等具有重要意义。

（5）促进组织再生作用　有研究报道，部分肾被切除的鼠在服用蜂王浆后很快出现肾组织再生现象，损伤部位细胞密集，出现肾小管。肝脏被部分切除的鼠在服用蜂王浆后肝组织也出现再生现象。用血管钳夹伤鼠坐骨神经，使其后肢暂时失去屈伸反射功能，之后每日喂以蜂王浆，结果实验组鼠坐骨神经的恢复速度明显比对照组快。

蜂胶可以改善微循环，激活细胞有丝分裂，加速细胞再生，促进伤口愈合；蜂胶对刀伤、烧伤、骨及牙髓损伤等都有促进组织再生和加快创伤愈合的作用。

（6）抗肿瘤作用

①蜂蜜具有抗氧化、强化免疫等作用，在癌症的防治中也有一定作用。

②蜂花粉有较强的抗氧化作用和免疫调节作用，并含有丰富的核酸、多糖等抗癌成分，对癌症具有很好的辅助治疗作用。

③蜂王浆防癌抗癌的研究报道较多，蜂王浆对移植性白血病、淋癌、乳腺癌、腹水癌、胃癌、肝癌等癌细胞都有很强的抑制作用，蜂王浆虽不能杀死癌细胞，但可以抑制癌细胞。

④蜂胶是蜂产品中抗癌活性最强的物质，已成为科学家研究的热点，蜂胶以其很强的抗菌、抗氧化、强化免疫等作用引起人们广泛关注。

第二节　蜜蜂产品的生产

179. 怎样管理生产蜂产品的蜂群？

（1）采集准备　在当地主要蜜源植物流蜜前45天左右开始培育适龄采集蜂，外界蜜、粉源不充足时进行奖励饲喂。早春气温低于14℃时做好蜂群保温；气温高于30℃时，做好蜂群遮阳；气温高于35℃时，给蜂群洒水，散热降温。流蜜前10～15天组织采蜜群，见图7-14、图7-15。即将出房的封盖子、卵虫脾、花粉脾放在底箱里，蜜蜂较密集的蜂群可再加1张空脾，子脾居中，粉脾靠边。

底箱上面放隔王板，作为繁殖区，把蜂王隔在巢箱内产卵繁殖区一般放7～8张脾。隔王板上面放空继箱，作为贮蜜区。贮蜜区宜放刚封盖的子脾和空脾。蜂群较强、蜜蜂较密集的子脾和空脾相间排列；蜂群较弱、蜜蜂较稀疏的子脾集中摆放，子脾放中间，空脾放两边。放脾数量根据群势决定，以保持蜂脾相称或脾少于蜂。

图7-14 采蜜群（程尚 摄）

图7-15 转运的采蜜群
（李林艳 摄）

（2）**主副群组织及管理** 管理双王群组织主副群时，把双王群中产卵力较差的1只蜂王及几张巢脾，在流蜜期前提到另一个蜂箱里，作为副群，原群就是主群。管理单王强群组织主副群时，从较强的继箱中连蜂提出2张正出房的封盖子脾和1张粉蜜脾，介绍新蜂王组成新分群，作为该继箱群的副群。离主要采蜜期1个月左右，把副群的卵虫脾补给主群，把主群的将出完房的封盖子脾或空脾调给副群。离主要采蜜期10～15天，用副群的封盖子脾补充主群。主要采蜜期开始后，把并列在主群旁边的副群搬走，使其外勤蜂归入主群，增加主群的外勤蜂数，集中采蜜。组织管理双王群时，在蜂箱正中间安上闸板，把巢箱分成左右两室，每室养1只蜂王。组织管理单王群时，在巢箱和继箱间加隔王板，把蜂王限制在巢箱里活动和产卵，成为产卵区；继箱供给工蜂栖附、产浆、贮蜜和育子，成为生产区。

（3）**蜂王产卵的控制**　需要蜂王产卵时，把产卵区的大子脾提到生产区，把正在出房的封盖子脾或空脾加到产卵区让蜂王产卵。不需要蜂王产卵时，产卵区的每个室保持3～4张子脾，生产区只留1张子脾或不留子脾。流蜜期补充蛹脾延续群势，流蜜期后促王繁殖以恢复群势。在蜜源植物流蜜期间，组织强群取蜜，弱群繁殖；新王群取蜜，老王群繁殖；单王群生产，双王群繁殖。将弱群里正出房的子脾补给生产群以维持强群。适当控制生产群卵虫的数量，以解决生产与繁殖的矛盾。采取措施预防分蜂热，注意通风和遮阳，保持蜜蜂采集积极性。

180. 怎样生产蜂蜜？

（1）**取蜜条件**　蜜脾2/3封盖时取蜜。采收时间在早上进行，在蜂群大量进新蜜前停止。只取生产区的蜜，不取繁殖区的蜜，特别是幼虫脾上的蜜。流蜜后期，做到少摇蜜或不摇蜜，留足巢内饲料。

（2）**取蜜步骤**　清洗、消毒并晾干取蜜用具和盛蜜容器；取蜜人员操作前洗手消毒；抖落巢脾上的蜜蜂，割掉赘脾和封盖巢房的蜡盖（图7-16、图7-17）；用摇蜜机把巢房内的蜂蜜分离出来；分离蜂蜜后，在摇蜜机出口处安放一个双层过滤器，把过滤后的蜂蜜

图7-16　切割蜜脾
（程尚　摄）

图7-17　赘脾（程尚　摄）

放在大口桶内澄清，24小时后，当蜡屑和泡沫均浮在上面后，把上层的杂质去掉；将去掉杂质的纯净的蜂蜜装入包装桶内，不要过满，留有20%左右的空隙，以防转运时震荡及受热外溢。

181. 怎样生产蜂花粉？

（1）**脱粉条件**　主要粉源植物开花吐粉，蜜蜂能采到大量花粉时，可开始采收蜂花粉。脱粉应在每天蜂群采粉高峰期进行，脱粉时间长短应以不影响蜂群的正常需要为原则。每天脱粉结束时，要及时收取脱下的蜂花粉，在脱粉器内置放的时间不得超过8小时。闷热天气，用带集粉盒的巢门脱粉器采收蜂花粉时，应每2小时收取1次盒内的蜂花粉。收取蜂花粉时，动作要轻，以免蜂花粉团破碎。每天将脱下的蜂花粉收取完后，要将脱粉器具清洗干净，以便下次使用。

（2）**脱粉步骤**

①安装脱粉器，脱粉器应选择结构简单，脱粉孔径合适，不伤蜂体，能很好保持蜂花粉团粒完整、清洁、不易混入杂质的脱粉器具；安放脱粉器具时，要保持脱粉器具与蜂箱箱体间的紧密结合，保证工蜂只能通过脱粉器具出入蜂箱；使用无集粉装置的巢门脱粉器具时，应事先将蜂箱后部垫高10厘米，清扫干净巢门板及箱前地面。

②收集花粉，铺设或放置接花粉的容器，收集蜂花粉，见图7-18。

③干燥蜂花粉，新鲜蜂花粉除立即置于-5℃以

图7-18　脱粉（程尚　摄）

下冻存外，均需根据蜂场条件用阳光晒干法、自然风干法、日晒通风干燥法或远红外线干燥法将花粉干燥至含水量8%以下，以防发酵和霉变。阳光晒干法的步骤具体如下：将采收到的新鲜蜂花粉均

匀地摊在干净的纸或布上，厚度1～2厘米，罩上防蝇防尘纱网，置于阳光下照晒，日晒过程中应勤翻动，翻动时动作轻缓，避免团粒破碎。

182.怎样生产蜂王浆?

（1）**取浆条件** 蜂群一般要求在8框足蜂以上，群内蜂龄协调，子脾齐全、健康。取浆时，外界气温达到15℃以上时较为有利，但气温高于35℃，相对湿度在80%以上对产浆不利。蜂王浆采收人员身体健康，穿工作服、戴工作帽、口罩，保持手和工作服清洁，一切接触蜂王浆的用具，取浆前都要用75%的酒精消毒，取浆房间要保持清洁，定期消毒。

（2）**取浆步骤**

①将台基条固定在采浆框上，将新组装好的采浆框插入生产群内，让工蜂清理12小时左右；工蜂清理后，移虫前先往台基底部点少许新鲜蜂王浆，以提高蜂群对移入幼虫的接受率。

②用移虫针把1日龄左右的幼虫从巢脾的蜂房中移出，放在台基底部的中央，每个台基1只；将采浆框插入蜂群后，过3～5小时提出，对未接受的台基补移1次幼虫。

③提框移虫后48～72小时，将采浆框从蜂群中提出，轻轻抖落框上蜜蜂，然后用蜂刷把框上的余下蜜蜂扫落到原巢箱门口，把采浆框放于浆框盛放箱，及时运回取浆室。用锋利削刀将台基加高的部分割去，要使台口平整，不要将幼虫割破；用镊子将幼虫捡出，见图7-19，不慎割破或夹破的幼虫，要把台内的王浆取出另装。

④用取浆器具取浆，尽可能取净王浆，取出的王浆暂存于盛浆容器中，见图7-20。

⑤清台，未被接受的台基内往往有赘蜡，及时清理台基。

⑥王浆采收完成后立即密封，标明重量、日期、产地，并尽快将其放到冰箱或冰柜中冷冻保存。

图7-19　捡出幼虫　　　　图7-20　取蜂王浆（李林艳　摄）
　　　（程尚　摄）

183. 怎样生产蜂胶？

（1）取胶条件　　蜂场半径3千米范围内至少有一种胶源植物，且没有受到农药及其他有毒、有害物质污染；蜂种选用高加索蜂、意大利蜜蜂等蜂胶高产品种；蜂群强壮，健康无病；蜂蜜、蜂花粉等饲料充足；采胶工具齐全卫生。

（2）取胶步骤　　主要生产方法有盖布生产法和集胶器生产法，本书以集胶器生产法为例。首先将网栅式集胶器（常见的集胶器）放置于蜂箱巢脾顶部，检查并堵严蜂箱的缝隙，每月根据蜂胶积聚情况，用竹制刮刀直接从集胶器上刮集蜂胶或把集胶器从蜂群中取下，放进冰柜或冷库内冷冻，待蜂胶变脆后直接敲击或刮取蜂胶，收集并贮存。

184. 怎样生产蜂毒？

（1）取毒条件　　应选在流蜜期结束时，因流蜜期取毒，工蜂在排毒的同时会吐蜜，而污染蜂毒。取毒要选在气温不低于15℃，风小的傍晚或晚上（但不要超过晚上11点）进行。蜂群应选择健壮、老年蜂较多的蜂群，因为幼蜂在取毒时容易因电击而受伤害，这也会减少取毒量。应选择人畜来往较少的蜂场，以免尘土影响蜂毒质量。操作人员与取毒用具要注意清洁卫生，尤其是取毒板要用酒精消毒，工作时要穿上防护服及防蜂面具，不要吸烟和使用喷雾器。取毒时切忌打开蜂箱观看，一群蜂取毒完毕，应让蜜蜂安静10分钟后再撤走取毒器。蜂毒有强烈的气味，对人体呼吸道有强烈的刺激性，刮毒时应戴口罩。

（2）**取毒步骤**　蜜蜂取毒通常使用电子取毒机，电取毒是利用一定的电流通过蜜蜂机体，蜜蜂受电击后，产生排毒反应而排出蜂毒，再用玻璃板等承接，待干后即可刮取蜂毒。取毒后的蜂群应适当奖励喂饲，补充营养，及时恢复电击后蜜蜂的体质。取过毒的蜂群不宜马上进行转地，要休息3～4天，待蜂群解除躁动后再转地。刮取的蜂毒要装入深色瓶密封，置于低温处保存。

185. 怎样生产蜂蜡？

（1）**取蜡条件**　巢外气温在15℃以上，外界蜜粉资源丰富的时候，可以开展蜂蜡生产，生产蜂群中13～18日龄的工蜂蜡腺最发达，泌蜡量最多。

（2）**取蜡步骤**　多造新脾和加宽蜂路，当巢脾的数量已经满足需要以后，可给蜂群加采蜡框收蜡，横梁的上部用来收蜡，只需在上梁下面粘1条巢础，蜜蜂就会很快造出自然脾，根据蜜源的好坏和群势强弱，一般每群蜂可分散放置这样的采蜡框2～3个。等到上面部分造好脾后，将上梁取下，自第2行巢房起将巢脾割下，再把活动框梁放在铁皮框耳上，让蜜蜂造脾，继续割取。将平时收集的蜜盖、赘脾、蜡屑、雄蜂房盖等零星蜂蜡放在锅里，加适当的清水，进行煎熬，待锅里蜡全部溶化后，用细铁纱作滤网，把溶蜡倒入盛冷水的脸盆或金属提桶等容器里，冷却至常温时，将蜡倒出，刮去底层的黑色污物即成。

186. 怎样生产蜂蛹？

（1）**取蛹条件**　生产蜂蛹的蜂群，必须是群势强盛密集、工蜂健康无病，特别是不能有幼虫病；蜂群有分蜂的要求；有较充足的蜜粉植物资源开花，巢内蜜粉饲料充足。

（2）取蛹步骤

①生产雄蜂蛹前先修造整张的专用雄蜂巢脾，造脾时选用普通的标准巢框，固定雄蜂巢础，利用主要流蜜期或充足的辅助蜜粉期，将安有雄蜂巢础的巢框加入强群中修造。

②准备蜂王产卵控制器或框式隔王板，将蜂王产卵控制器安放在巢箱内一侧的幼虫脾与封盖子脾之间，雄蜂脾放控制器内，让工蜂自由进出并打扫控制器和雄蜂脾。

③次日下午把蜂王捉入控制器内，蜂王在控制器内不能出来，并在雄蜂脾上产卵，36小时后把蜂王放回繁殖区，雄蜂脾放到继箱无王区里孵化、哺育。

④蜂蛹日龄达到21～22日龄时准备取蛹，采收雄蜂蛹之前，要将采收场地打扫干净，采收工具用酒精消毒，采收人员要穿干净的工作服，注意采收现场卫生，操作前先将手洗净，用酒精消毒。

⑤把蛹脾从蜂群内提出，抖去蜜蜂，将蛹脾放进冰柜内冷冻5～7分钟，取出使脾面呈水平状态，用木棒敲打上梁，然后用锋利的长条割蜜盖刀把上面的雄蜂房封盖削去，把开盖的一面翻转朝下，用木棒再次敲框梁，雄蜂蛹便脱落。

第三节　蜂产品加工和检验

187. 加工蜂产品包括哪些产品？

本节所谓蜂产品加工是指对蜂蜜、蜂王浆、蜂花粉及蜂产品制品的加工。其中蜂蜜、蜂王浆、蜂花粉是蜜蜂的天然采制物，执行的国家标准是不添加任何其他物质的；而蜂产品制品是指以天然蜂产品为原料，添加其他原料而制成的含蜂产品成分的产品。蜂产品制品目前没有国家标准和行业标准，加工企业自己制定企业标准，在质监部门备案，按备案标准号执行企业标准。

例如，蜂蜜中添加了其他成分则属于蜂蜜制品，蜂蜜制品的名称按国家相关规定，应以"调制（配）蜂蜜膏（汁）"作为产品名称，并在配料表中明示添加物并在标签明显位置标明蜂蜜含量。消费者在购买时要注意辨别蜂蜜和蜂蜜制品，一般来说，蜂蜜制品的价格会比蜂蜜的价格低很多，如果蜂蜜制品标注的蜂蜜含量较高，而售价很低，那么消费者要谨慎购买。

188. 蜂产品加工许可认证的流程是什么？

蜂产品加工许可证的实施程序包括申请和受理、现场核查、发证检查、申请材料审核、许可决定前的抽查、许可决定、证书发放、社会公告以及变更延续等9个程序。

其中申请者是蜂产品加工企业，受理者是当地食品药品监督管理局。申请者提出申请时，受理者要将有关食品生产许可证的依据、条件、程序、期限、收费标准，以及需要提交的各种申请材料目录以及申请示范文件提供给申请者，并公示投诉和咨询电话。受理者受理申请时，应当对申请者提供的申请材料，包括文字材料和电子材料进行即时审查，申请材料不齐或者不符合形式规定的，要在5日内一次性告知企业需要补充的全部内容。

189. 企业获得蜂产品加工许可证必须具备哪些条件？

国家实施食品市场准入制度，获得蜂产品加工许可证企业必须具备能确保蜂产品质量安全必备的生产条件，按规定程序获得许可证，所生产加工的蜂产品必须经检验合格并加印食品质量安全准入标志后，方可出厂销售。主要包括12个方面的必备条件：

（1）依法成立的企业。

（2）具备和持续满足保证蜂产品质量安全的环境条件和相应的卫生要求。

（3）保证蜂产品质量安全的生产设备。

（4）所用原材料、食品添加剂（蜂产品制品类）符合国家相关规定。

（5）加工工艺流程必须科学合理。

（6）按照现行有效的蜂产品标准组织生产。

（7）具有相关的专业人才。

（8）具备出厂检验能力。

（9）应当建立健全质量管理体系。

（10）出厂销售的蜂产品应当进行包装。

（11）贮存、运输和包装蜂产品的容器、包装、工具、设备、洗涤剂、消毒剂等必须安全。

（12）不掺假、不以次充好、不伪造产地等。

190. 蜂产品加工的环境条件和相应的卫生要求是什么？

蜂产品企业应具备与生产能力相适应的原辅料仓库、加工车间、包装车间、成品库。生产用厂房能满足工艺要求，厂房与设施必须根据工艺流程合理布局，并便于卫生管理和清洗。灌装车间应相对密封，入口处应设有人员和物品净化设施。车间内地面及墙壁做到能够冲洗并保持清洁，分别设有独立的投料间和灌装间。其中，蜂王浆应在室温下解冻，从解冻到完成加工不得超过24小时，原料、成品应在-18℃以下冷藏；蜂王浆冻干品生产环境的相对湿度保持在45%以下，贮存温度在20℃以下；蜂花粉的粉碎车间应保持空气洁净，飞溅的花粉粉末应得到有效除去和隔离；蜂胶、蜂花粉浸提车间应有对溶剂进行保管控制的设施。

191. 蜂产品加工的设备有哪些？

（1）加工设备 包括周转桶、原料罐、调配罐、混合设施、成型设备（如制粒设备、压片设备、粉碎设备、干燥设备等）、提取设施、去杂设施、过滤设施、真空低温浓缩设备、成品罐、容器清洗消毒设施、食品消毒灭菌设施、筛选设备、灌装设施、包装设备、冷藏保鲜库（-18℃以下）。

（2）**材料要求** 蜂产品生产过程需要的滤材应选用无纤维脱落且符合卫生要求的，禁止使用石棉作滤材；粉碎、压片、整粒设备应选用符合卫生要求的材料制作；与蜂产品直接接触的设备为不锈钢制成。

192. 蜂产品加工工艺流程是什么？

（1）**蜂蜜** 原料蜂蜜—融蜜—粗滤—精滤—真空脱水（根据需要）—过滤—灌装—装箱。分装生产流程：成品蜜—融蜜（根据需要）—灌装—装箱。

（2）**蜂王浆** 原料蜂王浆—解冻—过滤—包装—冷藏。分装生产流程：成品蜂王浆—解冻—包装。蜂王浆冻干品，原料蜂王浆—解冻—过滤—真空冷冻干燥—粉碎—成型—包装，分装生产流程：成品—包装。

（3）**蜂花粉** 原料蜂花粉—干燥—去杂—消毒灭菌—破壁（根据需要）—包装。分装生产流程：成品蜂花粉—包装。

（4）**蜂产品制品** 根据生产企业不同的产品类型以及认定的企业标准，制定不同的生产工艺，生产工艺必须科学合理。

193. 现行有效的蜂产品标准有哪些？

蜂蜜的国家标准《蜂蜜》（GB 18796—2011）；蜂蜜的国家行业标准《蜂蜜》（GH/T 18796—2012）；巢蜜的国家标准《巢蜜》（GB/T 33045—2016）；蜂王浆的国家标准《蜂王浆》（GB 9697—2008）；蜂王浆冻干粉的国家标准《蜂王浆冻干粉》（GB/T 21532—2008）；蜂花粉的国家标准《蜂花粉》（GB/T 30359）；蜂胶的国家标准《蜂胶》（GB/T 24283—2009）；蜂蜡的国家标准《蜂蜡》（GB/T 24314—2009）。

194. 蜂产品检验设备有哪些?

蜂产品检验设备包括:精确度0.1毫克的分析天平、精确度0.1克的普通天平、分光光度计、恒温水浴锅、阿贝折射仪、超净工作台、微生物培养箱、灭菌锅、生物显微镜、干燥箱、减压干燥箱、花粉图谱、液相或气相色谱仪等。

195. 蜂产品检验过程中如何抽样?

所抽样品须为同一批次保质期内的产品:

(1)抽样基数 蜂蜜抽样基数不得少于100千克、蜂王浆抽样基数(含蜂王浆冻干品)不得少于10千克、蜂花粉和蜂产品制品抽样基数不得少于10千克。

(2)抽样数量 蜂蜜随机抽取2千克(不少于8个最小包装)、蜂王浆随机抽取1千克(不少于6个最小包装)、蜂王浆冻干品随机抽取0.5千克(不少于6个最小包装)、蜂花粉和蜂产品制品随机抽取1千克(不低于8个最小包装),样品平均分成2份,1份检验、1份备查。如果只生产大包装产品,应在成品库中随机抽取4份样品,抽样数量:蜂蜜不少于2千克、蜂王浆、蜂花粉不少于1千克、蜂王浆冻干品不少于0.5千克。

(3)样品确认 抽取的蜂产品样品经确认无误后,由抽样人员在抽样单上签字、盖章、当场封存样品,并加贴封条,封条上应有抽样人员签名、抽样单位盖章及抽样日期。

196. 蜂产品质量检验项目有哪些?

各种蜂产品质量检验项目详见表7-1至表7-4。

表7-1 蜂蜜产品质量检验项目

序号	检验项目	发证	监督	出厂	备注
1	感官				
2	水分				

（续）

序号	检验项目	发证	监督	出厂	备注
3	果糖和葡萄糖含量				
4	蔗糖				
5	灰分				
6	羟甲基糠醛				
7	酸度				
8	淀粉酶活性				
9	铅				
10	锌				
11	四环素族抗生素残留量				
12	菌落总数				
13	大肠杆菌群				
14	致病菌				
15	霉菌				
16	标签				
17	净含量				大桶装产品可不检此项

表7-2 蜂王浆产品质量检验项目

序号	检验项目	发证	监督	出厂	备注
1	感官				
2	水分				
3	10-羟基-2-癸烯酸				
4	蛋白质				
5	灰分				
6	酸度				
7	总糖				
8	淀粉				
9	标签				
10	净含量				

表 7-3 蜂花粉产品质量检验项目

序号	检验项目	发证	监督	出厂	备注
1	感官要求				
2	水分				
3	杂质				
4	灰分				
5	维生素C				
6	蛋白质				
7	碎蜂花粉率				
8	单一品种蜂花粉率				仅对单一品种蜂花粉有要求
9	铅				
10	砷				
11	汞				
12	六六六、滴滴涕				
13	菌落总数				
14	大肠杆菌群				
15	致病菌				
16	霉菌				
17	标签				
18	净含量				

表 7-4 蜂产品制品质量检验项目

序号	检验项目	发证	监督	出厂	备注
1	感官				
2	水分				
3	果糖和葡萄糖含量				以蜂蜜为主要原料的产品
4	蛋白质				以蜂王浆、蜂花粉为主要原料的产品
5	总黄酮含量				以蜂胶为原料的产品

（续）

序号	检验项目	发证	监督	出厂	备注
6	10-羟基-2-癸烯酸				以蜂王浆为主要原料的产品
7	铅				
8	砷				
9	汞				以蜂胶为原料的产品
10	甜味剂（糖精钠、甜蜜素、安赛蜜）				按GB 2760判定
11	防腐剂（山梨酸、苯甲酸）				按GB 2760判定
12	色素（柠檬黄、日落黄、胭脂红、苋菜红、亮蓝等）				视产品具体颜色选择，按GB 2760判定
13	菌落总数				
14	大肠杆菌群				
15	致病菌				
16	霉菌				
17	酵母				
18	标签				
19	净含量				
20	执行标准规定的其他项目				

第四节　蜂产品贮存和运输

197. 蜂蜜贮存运输的条件是什么？

蜂蜜由于具有吸湿、吸味的特性，易于串味和变稀，稀蜂蜜还易于发酵，此外贮存容器的好坏也会影响蜂蜜的品质，因此蜂蜜贮存技术的关键在于贮蜜仓库的管理。

(1) 仓库的墙壁和屋顶应适当增加厚度或夹以保温材料，以避免受太阳辐射热的影响而导致库温升高。墙壁四周的上方应有带排气扇的通风窗，用于调节库内温、湿度。通风窗还应钉上细密铁纱，以阻止鸟类、盗蜂和其他昆虫飞入。

(2) 库房地面应光滑、中间略高四周略低，并有排水阴沟，以便于清洗排污和保持干燥。

(3) 蜂蜜仓库宜保持阴暗、干燥、通风，库温不超过20℃，相对湿度小于70%。库内温、湿度的控制可采用电力通风和自然通风两种方法，通风时应注意：①当库外温度和相对湿度均低于库内时，应进行通风；②当库外温度高于库内、库内外相对湿度相等时，应进行通风；③当库外相对湿度低于库内、库内外温度相等时，应进行通风；④当库外温度和相对湿度均高于库内时，要紧闭门窗，不能进行通风，以防湿气侵入库内；⑤当库外温度低于库内，但相对湿度高于库内时，或库外温度高于库内，但相对湿度低于库内时，则应按以下公式计算后，确定是否进行通风：

$$\text{库外绝对湿度换算成库内温度下的相对湿度} = \frac{\text{库外温度下的饱和湿度} \times \text{库外相对湿度}}{\text{库内温度下的饱和湿度}} \times 100$$

如果算出的相对湿度比库内的实际相对湿度低，则应进行通风；反之，则不宜通风。

(4) 蜂蜜仓库不能同时存放挥发性强或气味浓烈的货物，如汽油、煤油、柴油、水产品、葱、蒜等，以防库内蜂蜜出现异味。

(5) 包装材料使用符合国家标准的无毒塑料桶，或选用符合国家行业标准的专用蜂蜜包装缸桶，或选用陶瓷缸、坛，但应能够保持密封；不应使用镀锌桶、油桶、化工桶和涂料脱落的铁桶。包装容器使用前应清洗、消毒、晾干。

(6) 蜂蜜贮存容器上应贴挂标签，注明蜂场名称、场主姓名、蜂蜜品种、毛重、皮重、净重、产地和生产日期。

（7）运输蜂蜜前检查包装容器是否有渗漏，标签是否完整清楚。运输车辆或工具应洁净无污染，运输途中要遮阳，避免高温、日晒、雨淋，不得与有异味、有毒、有腐蚀性、放射性和可能发生污染的物品同装混运。

198. 蜂花粉贮存运输的条件是什么？

蜂花粉极易吸潮、发霉和虫蛀，且其中的活性成分也会在常温贮存过程中和有氧呼吸的情况下逐渐丧失，对于蜂花粉的贮存应尽量提供低温、无氧和干燥的条件，可采取以下措施：

（1）蜂花粉包装材料使用符合国家标准的无毒塑料。密封，置于 $-20 \sim -18\,℃$ 的冷库或冰柜中，在这样的低温下，微生物无法生长，虫卵被冻死，蜂花粉的呼吸作用也停止，因此可以保存几年不变质。如果条件不具备，也可将其贮于 $0 \sim 5\,℃$ 的冷库中，这种贮存条件只能抑制微生物的生长和虫卵的孵化，却不能完全阻止蜂花粉的呼吸作用，因此保持不变质的贮存期远短于 $-20 \sim -18\,℃$ 低温条件下的贮存期。

（2）将蜂花粉装入尼龙-聚乙烯复合膜制成的包装袋内，充入二氧化碳或氮气，扎紧、密封，再辅以 $10\,℃$ 以下的贮存温度环境，这样可完全阻止蜂花粉的呼吸作用，还能抑制微生物的生长和虫卵的孵化，达到较长期贮存的目的。

（3）来源于不同植物的蜂花粉，其成分的种类、含量有所不同，功用也有所差别。采自不同地区与季节的同一种植物的蜂花粉，其成分及含量也有差异，但差异不大。不同产地、花种、等级或不同季节采集的产品应分别贮存，贮存场所应清洁卫生，不得与有毒、有害、有异味的物品同处贮存。

（4）运输蜂花粉前检查包装容器是否有破损，标签是否完整清楚。运输车辆或工具应洁净无污染，运输应使用冷藏车，不得与有异味、有毒、有腐蚀性、放射性和可能发生污染的物品同装混运。

199. 蜂王浆贮存运输的条件是什么?

蜂王浆的活性成分与蜂王浆的新鲜程度关系密切,只有在新鲜状态或贮存良好的条件下蜂王浆才能发挥应有的保健作用。因此,蜂王浆的保鲜贮存是蜂王浆生产、运输、销售以及消费者使用中不可忽视的重要环节。为了保持蜂王浆的新鲜度,应注意以下事项:

(1)蜂王浆包装材料使用符合国家标准的无毒塑料,且蜂王浆尽可能装满容器。包装容器使用前应清洗、消毒、晾干,同时须用标签注明花种、产地、收购单位、检验员姓名、采收日期和空瓶重量。

(2)当蜂场在野外生产缺乏低温贮存条件时,可将装满蜂王浆的容器集中放入不漏水的塑料袋内,扎紧袋口,用长绳拴住沉入井水中,或浸在冷水中置于0.5 ~ 1米深的地窖里作短暂贮存,使其处于较低的温度和隔绝空气的条件下,以降低微生物生长和氧化作用对蜂王浆品质的影响。

(3)蜂王浆在−7 ~ −5℃可较长期贮存,−2℃可存放1年,而在5℃条件下贮存1年的蜂王浆不能培育出蜂王。蜂王浆长期贮存,温度以−18℃为宜。生产收购和销售过程中短期存放,温度不得高于4℃。蜂场生产出来的蜂王浆,应在24小时内交售,否则应挖地洞或放井下暂时贮存。不同产地、不同花种、不同时间生产的蜂王浆要分别(装瓶、装箱)存放。

(4)对于冷库中保存的蜂王浆,应根据采收期、收购地点、色泽的不同分别归类,以保证加工生产中对蜂王浆的使用做到先进先出,后进后出,每批原料的贮存时间都能不太长,同时也便于在冷冻状态下区分色泽不同的原料。

(5)运输蜂王浆前检查包装容器是否有破损,标签是否完整清楚。运输车辆或工具应洁净无污染,运输应使用冷藏车,不得与有异味、有毒、有腐蚀性、放射性和可能发生污染的物品同装混运。

200. 蜂胶贮存运输的条件是什么？

（1）蜂胶包装材料使用符合国家标准，采收后的蜂胶应及时密封。包装要牢固、防潮、整洁，便于装卸、仓储和运输。

（2）蜂胶应按树型和纯度等级的分类，分别定量装入无毒塑料袋内，扎紧袋口密闭保存，以防止芳香性挥发油的丧失。包装场地清洁卫生，远离污染源。在蜂胶包装上贴挂标签，标志内容包括蜂场名称、场主姓名、毛重、皮重、净重、产地和生产日期。

（3）由于蜂胶在高于36℃的条件下会变软散开，因此袋装蜂胶还应装入纸箱或木箱才能堆码存放。气温高时，须注意库房的通风和降温。蜂胶应贮存在阴凉干燥、清洁卫生的场所，避免日晒、雨淋及有毒有害物质的污染。不得与有毒、有害、有异味、有腐蚀性和可能产生污染的物品同处贮存。

（4）运输蜂胶前检查包装容器是否有破损，标签是否完整清楚。运输车辆或工具应洁净无污染，运输途中要遮阳，避免高温、日晒、雨淋，不得与有异味、有毒、有腐蚀性、放射性和可能发生污染的物品同装混运。

201. 蜂毒贮存运输的条件是什么？

（1）目前市场上的蜂毒原料几乎都是蜂毒干品。虽然蜂毒干品成分稳定，加热至100℃并维持10天，其生物活性仍保持不变，但它易溶于酸和水，水溶液易染菌变质，并可被消化酶类和氯化物所破坏，因此蜂毒干品应密封保存于干燥处。

（2）不同蜂种的蜂毒成分有所差异，贮存时应分清蜂种来源。

（3）无论是粗蜂毒还是精制的蜂毒，都须经干燥后用符合国家标准的无毒塑料瓶或棕色玻璃瓶密封包装，外加白布袋或牛皮纸袋保护。包装外标明名称、重量、蜂种、产地等信息。干燥的蜂毒一般可在室温下放于干燥容器中保存，或低温冷藏。不同产地、不同蜂种、不同等级和不同季节采集的蜂毒应分别存放。

（4）蜂毒在常温干燥条件下或低温运输，不得与其他有毒、有腐蚀性和可能产生污染的物品同存放或同运输。

202. 蜂蜡贮存运输的条件是什么？

（1）蜂蜡应贮于通风干燥的仓库中，库内不得混放有毒、有异味的物品，以防污染；并应防鼠，以减少蜂蜡及其包装物的损失。

（2）蜂种不同，蜂蜡的理化指标有所差异。中蜂蜡的酸值较低，贮存时应分清中蜂蜡和西蜂蜡，并按等级归类，分别装袋。

（3）装袋后的蜂蜡应按品类、等级分区，整齐地垛放在木制托盘上，垛上附有标签，注明堆垛日期、品类、等级和数量等。

（4）库内要注意防火和降温；定期检查蜡垛，及时消灭鼠害；4～9月间还应抽查垛内蜡块，以及早发现并扑灭巢虫危害。

（5）蜂蜡应在常温干燥条件下或低温下运输，不得与有毒、有腐蚀性和可能产生污染的物品同存放或同运输。

203. 蜂蛹贮存运输的条件是什么？

雄蜂蛹的体内都含有丰富的酪氨酸，在酪氨酸酶的作用下酪氨酸接触空气0.5小时就会氧化而使虫体变成黑色。同时蜂蛹含水量高，且营养丰富，极易滋生微生物而腐败。对蜂蛹贮存，应采用相关措施来抑制其酪氨酸酶的活性和微生物的生长，才能有效地维持虫体的新鲜状态。

（1）将蜂蛹剔除破损虫体后，装入无毒塑料袋内，挤出空气，扎紧袋口，置−18℃低温条件下冷冻保存，达到较长的保鲜期。

（2）将雄蜂蛹、雄蜂幼虫或蜂王幼虫剔除破损虫体后，浸没在保鲜液中，使其隔绝空气，并在保鲜液的灭菌作用下得以短期保鲜。常用的保鲜液有：①60°以上的白酒；②含4.5%食盐、5.5%蔗糖、0.1%柠檬酸和0.2%苯甲酸钠的水溶液；③含3.5%食盐、6.0%蔗糖、0.1%柠檬酸和0.2%苯甲酸钠的水溶液等。

（3）运输蜂蛹前检查包装容器是否有渗漏，标签是否完整清楚。运输车辆或工具应洁净无污染，运输途中要遮阳，避免高温、日晒、雨淋，不得与有异味、有毒、有腐蚀性、放射性和可能发生污染的物品同装混运。

第八章　蜜蜂授粉

第一节　概　述

204. 什么是蜜蜂授粉?

蜜蜂授粉主要指的是蜜蜂在采集开花植物花朵花蜜、花粉过程中，完成了不同花朵的花粉之间的传递，最终达到授粉的目的。通常，蜜蜂的授粉主要是相对于被子植物而言的，被子植物也叫作有花植物，花朵艳丽的颜色、散发出芬芳的香味和分泌的花蜜、花粉能够招引蜜蜂以及其他传粉昆虫。蜜蜂等传粉昆虫在授粉的过程中获得了花蜜和花粉等重要奖励物质，花蜜是蜂群主要的糖类来源，而花粉是蜂群最重要的蛋白质来源，蜜蜂依靠采集的花粉和花蜜得以生存，与此同时，也完成了开花植物的授粉工作，维持了植物的生存繁育与多样性发展。

205. 蜜蜂是怎样授粉的?

开花植物按照其授粉方式主要分为风媒花和虫媒花两个大类，风媒花的花粉粒相对较轻，可以依靠风来传播花粉，达到异花授粉的目的。而虫媒花的花粉往往较重且具有黏性，主要作为传粉昆虫授粉的奖励物质，含有丰富的蛋白质和多种营养成分。虫媒花植物往往具有漂亮的花形和花瓣，具有能够吸引蜜蜂等传粉昆虫艳丽的颜色，能散发出独特的花朵香味并分泌花蜜。在自然环境中飞行的蜜蜂工蜂，受到虫媒花的吸引采集花蜜和花粉，在多个花朵中连续或间断采集，将不同花朵的花粉来回传递，传花授粉。

206. 蜜蜂授粉对自然界和人类的重要性有哪些?

蜜蜂在自然生态系统中的作用是不可忽视的，如果蜜蜂在全世界中种群数量严重下降，会诱发生态和自然环境的剧变，甚至威胁人类的生存。

蜜蜂授粉在农业丰收和生态环境保护方面具有十分重要的作用。一方面，昆虫授粉能显著提高作物产量并增加其附加值。利用生物经济学的方法的研究表明，昆虫授粉可以增加世界范围内57种主要农作物中37种作物的果实、种子的数量和质量，全球35%的食品产量或多或少来源于依赖传粉的农业作物。2008年，以蜜蜂等为主的传粉昆虫为我国水果和蔬菜授粉产生的经济价值为521.7亿美元，占44种水果和蔬菜总价值的25.5%，超过全球平均水平15.9%。利用蜜蜂为农作物授粉已经成为一种行之有效的农业增产增质措施，为解决粮食危机发挥着十分重要的作用。另一方面，授粉昆虫在很大程度上保证了植物，尤其是开花植物的多样性发展，在生态环境多样性的维持方面起到了至关重要的作用。蜜蜂在整个生态系统中，既是消费者，又是生产者，特别是与蜜源植物的互惠关系，决定了蜜蜂在生态系统中的重要作用。目前，蜜蜂对社会和生态最大的作用是修复生态系统、维持生态平衡和维护生物多样性发展。

207. 怎样理解传粉昆虫与植物的协同进化?

随着漫长的演化，昆虫与开花植物形成了错综复杂的关系，其中较为特殊的一种就是传粉昆虫与虫媒植物之间的互惠关系。昆虫相比于植物而言，具有很强的运动能力，植物依靠传粉昆虫的传粉行为保证了自身异花授粉的完成，而传粉昆虫也从植物身上获得了需要的奖励物质，这些奖励物质营养丰富、种类繁多，是许多传粉昆虫的重要食源。由此，传粉昆虫与开花植物的互惠关系逐渐加深，随着长时间的生存与发展，开花植物和传粉昆虫也逐渐特化出更加配合这类互惠关系的生物学特征及行为特征，即传粉昆虫与开花植物的协同进化。例如，开花植物花朵泌蜜量、花粉分泌量提高，花朵颜色向更加吸引传粉昆虫的方向演变，花朵的香味更加浓郁与深远，花朵形状也更加适宜于传粉昆虫获得奖励物质；而传粉昆虫则形成了特化的周身绒毛，更易黏附花粉，访花行为也逐渐适宜为多种开花植物授粉，形成蜜囊、嚼吸式口器等方便采集花蜜的生理特征。传粉昆虫与开花植物协同进化，双方均从中获得生存与发展的机会。

在自然界中，蜜蜂是最主要的授粉昆虫，是与开花植物协同进化程度较高的重要授粉昆虫，其生物学特征及生理特征已经完全适应为多种野生植物及农作物授粉，如特殊的形态结构（有周身绒毛、三对足、花粉刷、花粉耙和花粉筐，高度发达的嗅觉及视觉）、专一的授粉活动、群居性、可训练性及可移动性等。与其他传粉昆虫相比，蜜蜂具有更加高效的授粉行为，在自然条件及农业生态系统中，蜜蜂均能获得优良的授粉效果。特别是随着现代养蜂业的发展，配合现代养蜂技术和农业技术，蜜蜂授粉还能发挥更加重要的作用。

208. 植物吸引蜜蜂授粉的方式有哪些?

开花植物吸引蜜蜂授粉的方式主要包括鲜艳的花朵颜色、浓郁的花朵香味、易于采集的花朵形状及量多质好的奖励物质。开花植物在争夺传粉昆虫的过程中也存在较大的竞争关系，特别是在多种植物共同开花的季节，如何吸引蜜蜂等传粉昆虫也是决定其生存与发展的重要问题。由此，开花植物在漫长的进化过程中，其花朵颜色、香味、形状及奖励物质等多个方面也逐渐向适宜于吸引传粉昆虫的方向演化，以争夺蜜蜂等传粉昆虫授粉。

209. 为什么蜜蜂是最理想的授粉昆虫?

蜜蜂能够作为最理想的授粉昆虫，是由其形态特征、行为特征等因素决定的。

（1）**特殊的形态结构**　蜜蜂在自然界中为了生存，也逐渐形成了适宜采集和运输花蜜、花粉的独特行为学结构。

①绒毛：蜜蜂周身长满绒毛，特别是头部、胸部的绒毛较多，有的呈现分支或羽状，容易附着大量的、微小的、膨散的花粉粒，这对蜜蜂采集花粉并为植物授粉具有特殊的意义。

②三对足：蜜蜂的三对足不仅赋予蜜蜂强大的运动能力，同时也是采集花粉、携带花粉回巢的重要结构。前足刷集头部、眼部和口部的花粉粒，中足收集胸部的花粉粒，后足集中和携带花粉粒，后足上有花粉刷、花粉耙和花粉筐等特殊结构。1只蜜蜂通常可以携带500万粒花粉，当蜜蜂回巢将携带的花粉团卸下后，留在蜜蜂周身的花粉粒还有1万～2.5万粒，比其他任何多毛昆虫携带的都要多，因此，当1只蜜蜂从植物花丛中飞来飞去采集花粉、花蜜时，就完成了为开花植物传递花粉的目的。

③视觉与嗅觉：蜜蜂具有发达的视觉与嗅觉，能够在较远的地方识别开花植物，可使蜜蜂找到授粉植物。

（2）**授粉行为的专一性**　蜜蜂的授粉行为具有较强的专一性，蜜蜂在进入一个新的环境或季节后，出巢的采集蜂会将采集花粉的方位和距离通过舞蹈的方式传递给其他工蜂，其他工蜂在获得信息后，会专一地采集信息指定地点的同一种植物，直到将信息地点周围的全部花朵的花蜜和花粉完全采集完以后才会接受新的信息、转移到其他植物进行采集。长时间集中、固定的采集特定品种的植物花朵，保证了同一植物的授粉效果。

（3）**蜜蜂的群居性**　蜜蜂是一种社会性昆虫，是社会化程度高度发达的传粉昆虫，群体越大，蜂群的生命力越加旺盛，抗逆性越强，生产能力更加强大，其授粉效率也能得到很好的保证。

（4）**蜜蜂的可训练性**　蜜蜂是一种学习与记忆能力很强的授粉昆虫，当第1只蜜蜂采集到某种植物的花蜜后，它会通过舞蹈的方式将蜜源信息传递给蜂群内的其他工蜂。由此，可以利用这一特点，有效地利用含有特定植物花朵香味的糖浆诱导训练蜜蜂为目的作物授粉，保证特定作物的授粉效率。

（5）**蜜蜂的可移动性**　蜜蜂在经过一天的授粉与采集后，到了傍晚外出的工蜂都需要回到蜂巢内休息，表明了蜜蜂具有极强的恋巢性。在养蜂生产中，就可以利用蜜蜂的恋巢性，在前一天晚间关闭巢门将蜂巢装上汽车，并运输到其他需要授粉的地区，这一特点是其他授粉昆虫完全做不到的，也是蜜蜂商业化授粉的最重要基础。

210. 常见的授粉蜜蜂种类及其特点是什么？

世界上授粉昆虫的种类有很多，而蜜蜂类是在生产中应用最广的授粉昆虫，其中最常见的授粉蜜蜂种类有中华蜜蜂、意大利蜜蜂、熊蜂和切叶蜂。

（1）**中华蜜蜂**　中华蜜蜂，简称中蜂，是东方蜜蜂的一个亚种，也是我国最重要的蜜蜂种质资源，广泛分布于我国华南、西南、中南、西北、华北和东北等多个地区，是我国南方主要饲养的土著蜜蜂。近年来，随着中蜂活框饲养技术的成功推广，中蜂成为了我国重要的授粉蜂种之一。研究显示，中蜂可以有效地提高果树、水稻、籽莲等多种农作物的产量。中蜂善于利用零星蜜粉资源，能够节省授粉过程中或饲养过程中的饲料消耗，适应我国多个地区的气候条件，抗寒耐热，适宜定地饲养，可用于为果树和温室内各类蔬菜授粉。

（2）**意大利蜜蜂**　意大利蜜蜂，简称意蜂，是西方蜜蜂的一个亚种，在20世纪初引入我国以后，就广泛分布于我国各个地区，是国内外利用最广泛的主要授粉蜂种。意蜂除了能够为果树及其他农作物授粉增产以外，还可以为温室内果蔬作物授粉，并可取得很好的授粉效果。

（3）**熊蜂**　熊蜂是蜜蜂科、熊蜂属的社会性昆虫，其社会化程度相比于东方蜜蜂和西方蜜蜂要低，广泛分布于北半球，在北温带地区最为集中。熊蜂属在全世界有300余种，欧洲及亚洲有170余种，我国有80余种。

①熊蜂与其他蜜蜂相似点：主要以开花植物的花蜜和花粉为食，全身长满绒毛，并有采集花粉的专门器官，能够携带大量的花粉飞行于花朵之间，帮助植物授粉。它的喙很长，能够吸取到窄而深的花冠底部的花蜜，这是一般授粉昆虫很难做到的。近年来，随着蜂授粉产业的快速发展，科学家们发现熊蜂具有多种使其成为重要授粉昆虫的特性，例如，旺盛的采集能力和对低光密度的适应力。

②蜜蜂与熊蜂的差异：蜜蜂的工蜂之间可以交流温室外蜜源信息，当外界有大量蜜粉源植物开花时，蜜蜂可能会放弃温室内的目的作物，而出巢采集其偏好的其他开花植物。而熊蜂由于社会化程度较低，没有这样高度发达的交流系统，因此大部分熊蜂仍能坚持在温室内或返回温室采集。

鉴于熊蜂的授粉特性，我国及西方发达国家多年前已开始研究熊蜂的周年繁育技术，并已取得了成功，现已进入工厂化生产，广泛用于多种温室作物、大田作物的商业化授粉应用。

（4）切叶蜂　切叶蜂的种类较多，其中分布最广、数量最大、效果最好的有苜蓿切叶蜂、淡翅切叶蜂和北方切叶蜂等。切叶蜂营独栖生活，每年繁殖1～2代。寡食性或多食性，访问苜蓿、草木樨、白三叶草和红三叶草等多种草科牧草，也常见访问薄荷、益母草、野坝子等作物。访花速度较快，每分钟11～15朵花。雌性蜂能够将花朵打开，用"腹毛刷"采集花粉。研究显示，每公顷苜蓿地可以使用4 000只雌蜂在3周内完成授粉工作。

切叶蜂为农作物授粉有诸多优点，尤其在苜蓿上授粉表现最为出色。操作者在使用切叶蜂授粉时，可以放心、安全地管理切叶蜂，不必担心被蜂蜇。切叶蜂繁殖速度较快，采集范围仅限于所在的场所，在未发育期就可以进行运输，而且不用像蜜蜂那样进行持续的管理。

211. 蜜蜂授粉对现代农业的作用有哪些?

蜜蜂授粉不仅是维持生态系统多样性的重要组成部分,同时还是现代农业生产中必不可少的重要农艺措施。近年来,随着现代农业的发展,蜜蜂商业化授粉应用正受到越来越多的关注,欧美国家及我国北部地区已经形成了较为成熟的商业化授粉模式,意大利蜜蜂、中华蜜蜂及熊蜂等多种蜂类昆虫已实际应用于农业生产,在提高作物产量及质量、解决世界粮食危机问题等方面做出了巨大的贡献。

报道显示,相比于激素授粉和人工授粉,意大利蜜蜂、中华蜜蜂和熊蜂等蜂类授粉昆虫为草莓、番茄、辣椒、香瓜等多种经济作物授粉能够显著提高其坐果率、单果重、产量、维生素C含量及果实含糖量等产量和质量指标,提高了农作物的价格,为种植户带来了更大的经济效益。蜜蜂授粉显著减少了人工成本、激素等化学试剂的使用量,保证了农产品的安全,在现代农业中已成为不可替代的重要技术手段。

212. 蜜蜂授粉增产的机理是什么?

(1)**把握最佳授粉时间** 通常,在植物开花的初期,花朵内柱头的活力最强。蜜蜂授粉之所以比人工授粉和自然授粉效果要好,其最重要的原因是因为蜜蜂不间断地在田间飞行,每分钟都要到花朵的柱头上停留几次,蜜蜂频繁的飞行和授粉能够保证在花朵柱头活力最强的时间段将花粉传递到花朵上,促使花朵萌发,形成花粉管,实现花朵的受精过程。然而,人工授粉每天只能进行1次,且时间跨度可能较大,因为人工授粉速度慢,可能一次授粉需要从早上一直到晚上,错过了花朵柱头活力最佳的时期,造成授粉效果不佳,从而影响到产品的产量与品质,这也就是蜜蜂授粉的效果显著好于人工授粉的主要原因。

(2)**授粉充分** 研究显示,经蜜蜂授粉和不经过蜜蜂授粉柑橘花朵柱头的花粉数量存在较大差异,蜜蜂授粉过的花朵柱头上有

4 000粒花粉，未经蜜蜂授粉的柱头上只有250粒花粉，两者相差15倍。用花粉萌发群体效应来解释，即经蜜蜂授粉后花粉多，花粉管萌发快。柑橘花花粉经蜜蜂授粉后120小时进入子房，未经蜜蜂授粉的则很难进入花粉管。蜜蜂授粉加快了受精的速度，从而实现了果实提前生长，提早成熟，为产品提前上市创造了条件。其影响不仅在实现提早上市方面，更重要的是提高了农产品的产量与质量。

（3）**受精完全**　蜜蜂授粉使花柱头上的花粉多而且及时授粉，为子房中的胚珠得到精子创造条件，这样就不会因为某一个子房的胚珠因为未受精而影响果实的发育形成畸形果，从而为提高果实的商品价值创造有利的条件。

（4）**异花授粉提高作物的产量与质量**　虽然，部分开花植物能够通过自花授粉完成受精过程，但采用蜜蜂授粉将其他花朵上的花粉带到柱头上，花粉管更容易萌发，更容易完成受精的过程，果实能够提早地进入生长状态，从而达到提高农作物产量与质量的目的。

（5）**蜜蜂授粉使作物进入生长兴奋状态**　前面已经提到了，蜜蜂授粉能够使作物提早受精，受精后的植物会产生一系列的受精生理反应。受精后的合子生成，合子中生长激素的合成速度加快，数量增多，刺激物质向子房内运输，促进果实和种子的发育。由于植物向幼果实输送营养物质的作用增强，所以避免了因营养不良而使果柄处产生离层，导致营养障碍而大量落果。这也是蜜蜂授粉提高作物坐果率和结实率，从而实现增产的又一原因。

（6）**蜜蜂授粉可以充分利用有效的花朵**　相比于人工授粉和激素授粉，蜜蜂授粉能够充分利用作物中的有效花朵。当植物花朵受到外界损伤时，蜜蜂也能够通过授粉行为完成部分有效花朵的授粉工作。

213. 影响蜜蜂授粉的因素有哪些？

影响蜜蜂授粉的因素有很多，包括天气、蜂种、蜂群状况、植物的营养状况、授粉时间和作物对蜜蜂授粉的依赖程度。

（1）**天气** 蜜蜂的授粉效果受天气的影响最为显著，在外界温度较低或较高时，蜜蜂会显著减少出巢飞行的次数。风速过大也会影响蜜蜂的出勤，特别是当风速达到每小时24千米时，蜜蜂的外出采集会完全的停止。雷雨、暴雨、暴雪等恶劣天气也会很大地限制蜜蜂的授粉行为。干旱高温和大风天气还能促使花朵柱头过于干燥而影响花粉的萌发。由此，在蜜蜂实际授粉时，需要重点把握和利用好天气完成授粉工作，否则会造成减产。

（2）**蜂种** 蜜蜂的品种也是影响蜜蜂授粉效果的重要因素，原则上需要根据授粉环境、授粉目的作物来确定授粉蜂的品种，选择适宜的授粉蜂种进行授粉是保证授粉效果的关键，否则会造成授粉不充分，影响作物产量。

（3）**蜂群状况** 蜂群的营养状况、群势强弱，蜂群中采集蜂的多少和蜂王的优劣都会影响蜜蜂授粉的效果。在外界温度较低时，强群是保证授粉正常进行的主要条件，强群对环境温度的适应能力要显著强于弱群。蜂王的产卵能力和蜂群营养状态能够显著影响工蜂的采集积极性。蜂群中充足的采集蜂也是保证蜜蜂授粉效果的关键因素。

（4）**植物的营养状况** 蜜蜂授粉的本质是为农作物授粉，植物的营养情况也是影响授粉效果的主要因素。若蜜蜂授粉效果好，但作物营养状况不良，也会造成作物落花落果，进而无法获得较高的产量。在植物营养状况良好的情况下，蜜蜂授粉后结果的数量比不采用授粉明显增多，所有果实都能够正常生长。

（5）**授粉时间** 在蜜蜂进行授粉之前，就需要考虑蜜蜂授粉时间的问题，如授粉蜂进场的时间、蜜蜂授粉的持续时间等。什么时间授粉效果最好，蜜蜂授粉需要持续多少时间，这些需要根据授粉作物的特点、当地环境条件和植物等多方面的因素进行综合考虑，最终确定，以保证蜜蜂授粉的效果。

（6）**作物对蜜蜂授粉的依赖程度** 作物对蜜蜂授粉的依赖程度主要是由作物的不同品种来决定的。若植物对蜜蜂授粉的依赖程度较高，则采用蜜蜂授粉能够获得较好的授粉效果。若植物本身对蜜蜂授粉依赖程度低，则蜜蜂授粉不能获得良好的效果。

214. 哪些农作物需要蜜蜂授粉？

按照农作物的种类，粮油作物需要蜜蜂授粉的有油菜、向日葵、荞麦等；水果中需要蜜蜂授粉的有苹果、杏、梨、樱桃、柑橘、桃、李、草莓、芒果等；蔬菜类的有黄瓜、辣椒、茄子、番茄、豆角、南瓜等；牧草需要蜜蜂授粉的有苕子、紫云英等。

215. 蜜蜂授粉对作物的影响效果怎样？

据统计，2008年，以蜜蜂等为主的传粉昆虫为我国水果和蔬菜授粉产生的经济价值为3 286.7亿元，占44种水果和蔬菜总价值的25.5%，超过全球平均水平15.9%。各种作物授粉效果见表8-1。

表8-1 蜜蜂为多种作物授粉的效果

作物分类	作物名称	增产效果	授粉昆虫种类	其他指标
果树与水果	苹果	72%～365%	蜜蜂	坐果率提高74%
	梨	32.8%	蜜蜂	坐果率提高25%
	杏	25.77%	熊蜂	—
	柑橘	38.55%	蜜蜂	坐果率提高43.52%～54.24%
	荔枝	—	蜜蜂	坐果率提高2.48～2.9倍
	锦橙	59.7%	蜜蜂	坐果率提高29.6%，果实重量增加11.5%，可溶性固形物含量降低0.5%
	猕猴桃	105%	蜜蜂	坐果率提高24.5%，畸形果率降低24.5%
	大棚桃	41.5%～64.6%	蜜蜂	畸形果率下降10%
		相比于蜜蜂提高15.3%	熊蜂	相比于人工授粉坐果率提高47.3%，单果重提高14.7%，果实可溶性固形物含量提高9.9%

（续）

作物分类	作物名称	增产效果	授粉昆虫种类	其他指标
果树与水果	西瓜	66.3%	蜜蜂	坐果率提高15%，单瓜重提高50%，果实含糖量提高8.1%
	樱桃	10%～15%	蜜蜂	坐果率增加21.03%～46.13%
	油桃	37.04%～52.35%	蜜蜂	坐果率增加12.4%～22.3%
	草莓	29.6%	蜜蜂	畸形果率下降60.7%～63.1%
油料作物与蔬菜	油菜	3.06%～21.52%	蜜蜂	结荚率提高1.75～43.73%，千粒重增加1.61%～31.83%，角粒数增加11.2%～46.34%，出油率提高1.94%～10.12%
	向日葵	9.22%	蜜蜂	出仁率提高2.1%，种仁含油率增加4.91%
	油葵	121.2%～1 141.3%	蜜蜂	籽仁含油率提高934%
	油茶	—	蜜蜂	坐果率提高43%
	棉花	49.66%	蜜蜂	结铃率提高19.26%～38.9%，平均棉桃重提高16.65%，皮棉率增加4.22%，千粒重平均增加3%以上
	黄瓜	35.2%	蜜蜂	坐瓜率提高27.65%，日增长长度增加19.07%，瓜重提高26.94%
	番茄	142.15%	熊蜂	畸形果率降低83.68%
	西葫芦	14.06～34.9%	蜜蜂	畸形瓜率降低31%
	辣椒	38.3%和22.6%	熊蜂，蜜蜂	熊蜂组和蜜蜂组比对照组单果重分别增加30.4%和13.7%，种子数分别增加79.9%和21.6%，心室数分别增加29.6%和11.1%
	茄子	41.98%	熊蜂	相比于对照组坐果率增加33.32%，果实含糖量增加21.16%

（续）

作物分类	作物名称	增产效果	授粉昆虫种类	其他指标
其他	荞麦	28.7%	蜜蜂	千粒重提高0.22%～23.26%，荞麦出粉率提高0.06%～10.11%
	水稻	5.66%～6.97%	蜜蜂	杂优：千粒重提高2.94%，结实率提高2.39%，桂朝：千粒重提高2.6%，结实率提高3.7%
	籽莲	—	蜜蜂	结籽率提高22.22%，死蓬率降低5.22%
	沙打旺	—	蜜蜂	蜜蜂授粉的结实率为94.04%，而蜜蜂未授粉的为5.06%
	三叶草	28.9%～48.6%	蜜蜂	发芽率提高34%～61.5%
	榨菜	41%	蜜蜂	种子发芽率比对照组高5.5%

第二节　蜜蜂授粉技术

216. 怎样选择合适的授粉蜂种?

我国常用授粉蜂种有中华蜜蜂、意大利蜜蜂和熊蜂，选择授粉蜂种时需要根据授粉农作物的种植方式、种植面积、周围环境和品种特性等进行综合判断。

（1）**中华蜜蜂**　我国特有的地方品种，对种植地气候适应性强，容易获取，但群势相对西方蜜蜂小、分蜂性强。适宜进行大田农作物或半开放式设施农作物授粉，如草莓、西瓜、西葫芦、黄瓜等。

（2）**意大利蜜蜂**　全世界范围内饲养数量最大、商业化应用最广泛的蜜蜂品种，群势大，授粉蜂数量多，采集能力强，性情温顺，分蜂性弱。主要用于为种植面积较大的大田农作物授粉，如油菜、大豆、向日葵等。

（3）**熊蜂** 熊蜂个体大，全身布满绒毛，携带花粉多，具有声震性，性情温顺，趋光性弱。主要用于设施农作物授粉和具有特殊气味的农作物，如西红柿授粉。

217. 怎样组织蜜蜂授粉群？

蜜蜂授粉群需要提前组织，采用强群进行授粉，西蜂群势要求7～8脾，中蜂4～5脾；蜂王最好为2年以内的新王，群内要有大量的卵、子和采集蜂；熊蜂每群应有工蜂60只以上，蜂王强健。蜂群健康无病、飞行强劲。

（1）**中蜂群和西蜂群** 一般在农作物开花前45天，开始繁育授粉蜂，在农作物开花时授粉蜂群势达到最强。特别是冬季温室设施作物的授粉，由于蜜蜂处于越冬休产期，需要提前2～3个月培育和落实授粉蜂群。

（2）**熊蜂** 熊蜂多为国内直接购进或国外进口，一般需要提前1～2月提交订货计划。

（3）**授粉蜂群运输** 运输蜂群的汽车等运输工具应清洁无污染，蜂群饲料充足，固定好巢脾及蜂箱。在傍晚蜜蜂归巢后进行启运，第2天天亮前到达，并及时卸下蜂群。熊蜂长途运输一般备有专门的糖水饲料，注意千万不能将蜂群倒置，严禁剧烈颠簸。

218. 适宜的蜜蜂授粉密度是多少？

大田农作物一般每亩*放置蜜蜂1～2群，设施农作物每亩放置群势3～4脾的蜜蜂1群，设施果树或开花量较大的农作物每亩可配置蜜蜂2群，设施农作物每亩可配置熊蜂1群，开花量较大的农

---

* 亩为非法定计量单位，1亩≈0.067公顷。

作物可配置雄蜂2群，注意观察防止过度授粉。

219. 授粉前的准备工作有哪些?

（1）**大田农作物** 了解近期授粉场地是否喷洒农药或杀虫剂，如果使用农药，至少7天后才能放置蜂群。提前确定放蜂位置，平整蜂箱放置位置，准备好垫放蜂箱的砖块等。

（2）**设施农作物** 授粉前应对温室大棚作物进行病虫害检查，针对性地进行一次综合防治，蜜蜂引入温室后进行病虫害防治易造成蜂群伤亡。喷洒药物后需打开大棚通风口，7天后或残效期过后才能将蜂群搬进温室。此外，将温室大棚用防虫网封闭，防虫网的孔径以蜜蜂不能飞逃为宜，防虫网颜色以白色等浅色为宜。注意塑料大棚是否有漏洞。

220. 授粉蜂群怎样引入和摆放?

（1）**授粉蜂群的引入** 授粉农作物开花数量达到5% ~ 10%时便可放入蜂群。授粉蜂群应在傍晚放入，根据设施农作物的高度，蜂箱离地30 ~ 50厘米，与作物高度基本保持一致，蜂群置入后2小时左右，待蜂群安静后，打开巢门。

（2）**授粉蜂群的摆放**

①大田农作物：每亩放置1 ~ 2群授粉蜜蜂，蜂群应放在地势高、干燥向阳、清洁卫生的地方；放置位置要考虑蜂群与授粉植物间的距离，中华蜜蜂应分散摆放，西方蜜蜂可集中摆放；大面积的农作物授粉，蜂群应放在农田的中间或两端，以提高授粉的效果。

②设施农作物：大棚面积一般不大，蜂群应放在温室或大棚的中间，巢门位置最好向东南方向或南方。

221. 授粉期间蜂群管理技术有哪些?

（1）**前期管理** 蜂群引入后，应供给清洁的饮水，注意在饮水源上铺放枯枝，防止蜜蜂饮水时跌落水中；同时，还需供给1：1

的糖水和消过毒的花粉。第2天，观察蜜蜂的采集情况是否正常，是否有蜜蜂从大棚缝隙飞逃，发现问题及时处理。

（2）中后期管理 花粉和糖水的饲喂：根据蜂群的群势和作物的开花情况决定是否给予花粉和糖水。一般情况，一群蜂可为300米^{2}的农作物授粉，如果温室或大棚太小，就必须长期供给花粉和糖水，大田农作物一般不需要饲喂。

①清洁饮水：一般3～5天更换1次饮水。

②适宜温度：要注意温室大棚的温度，温度超过30℃时必须进行人工通风或其他降温措施。若出现超过35℃的极端天气，应及时打开温室或大棚的侧门（棚）进行通风，并对蜂箱进行遮阳降温，防止阳光直接晒到蜂箱和巢门；若出现低温天气，则要注意蜂群的保暖及大棚升温等工作。蜂群授粉期间保证室内温度不要超过35℃或低于10℃。

③适宜湿度：蜜蜂不能适应湿度太高的环境，温室大棚湿度最好不要高于90%，湿度大时应及时通风。

④蜂群检查：一般情况每周进行1次蜂群检查，观察蜂群群势变化、卵孵化情况和蜜粉贮备量等，蜜粉缺乏时应及时补充，否则易造成蜜蜂繁殖障碍或使蜜蜂饿死。平时只需观察蜂群的活动情况就可了解蜂群内部情况，不需打开蜂箱检查。

（3）严防鼠害和蚁害 鼠往往会危害作物和授粉蜂群，必须严加防范。另外，由于熊蜂蜂箱内有糖水，糖水会吸引蚂蚁进入，对熊蜂幼虫造成危害，一般将蜂箱架子放在装满水的水盆中，并在架子上涂抹防止蚂蚁上爬的药物或润滑剂。

（4）调整蜂群群势 在温室大棚内，蜜蜂的寿命会缩短，在实际生产中，可根据各授粉温室、大棚农作物开花的数量调整蜂群群势。开花数量多的温室大棚用群势大的蜂群进行授粉，防止过度授粉或授粉不足。同时，在授粉后期，由于授粉蜂死亡，群势下降，应及时抽出多余的巢脾，保持蜂脾相称。

（5）授粉期限 农作物授粉时间的长短主要根据农作物的花期

而定，待农作物大部分花朵已凋谢，又没有新的花开时，便可结束授粉。

（6）授粉结束时的注意事项　授粉结束，在傍晚蜜蜂回巢后，关闭巢门。晚上搬移蜂群，搬移的距离至少要在5千米以上，以免采集蜂回到原授粉地。

222. 田间施用农药时授粉蜂群怎样管理?

在农作物生长过程中难免会进行病虫害的防治工作，在进行病虫害防治前1天的傍晚，关闭巢门，将蜂群移至室内安静、干燥的地方，温度保持在25℃左右。病虫害防治最好选择无毒或低毒的农药，尤其是杀虫剂对蜂群的毒害作用大，要慎重使用。使用低毒药剂时，可在施药后的第2天傍晚将蜂群置入，打开巢门；若是高毒农药，要等安全期过后才能将蜂群置入。

223. 怎样进行授粉蜂的诱导?

为了提高蜜蜂对授粉农作物的采集积极性，克服蜜蜂对某些农作物采集偏好性较弱的缺陷，可以饲喂带有授粉植物花香的糖浆。糖浆的制作方法：用白砂糖和水按1∶1的比例熬成糖液，待冷却后加入授粉植物的花朵浸泡4小时，在晚上或早上蜜蜂出巢前饲喂，每次饲喂100～150克即可。

第九章 蜂场经营管理

第一节 人员管理

224. 蜂场需要配备哪些人员?

规模化蜂场一般需要配备养蜂技术人员、生产人员、销售人员、财务人员和管理人员。我国的养蜂场受蜜源、养殖技术和机械化水平的影响，规模都不大，一般在100~500群，因此，蜂场的人员可以一人多岗，如技术人员可以兼生产人员，蜂场厂长可以兼销售人员和财务人员。同时，每个岗位需要加强协作，有分工、也有合作，要充分调动蜂场每个人员的生产积极性。人员配备数量需要根据蜂场的规模确定，一般来说规模在100群以下的蜂场只需1~2人，100~200群的蜂场2~3人，200~500群的蜂场3~5人，500~1000群蜂场6~8人，1000群以上蜂场需要8人以上。

225. 蜂场人员管理制度是什么?

一个规模化蜂场就是一个企业，蜂场的管理必须按照企业管理来执行，需要制定完善的管理制度，明确责任分工、提高工作效率、确保人员安全、提升养殖效益。规模化蜂场应建立考勤制度、安全卫生制度、考核制度等管理制度。

226. 蜂场人员的考核制度是什么?

（1）**考核目的**　为了提高规模化蜂场人员的工作积极性，不断提高管理水平和蜂产品质量，降低生产经营成本和安全事故发生率，明确员工的工作职责和任务目标，改进工作方法，提高员工在工作中的主动性和积极性，为全面评估规模化蜂场人员的工作绩效提供参考和依据。

（2）**考核范围**　本蜂场所有员工均需考核，并适用于本办法。

（3）**考核原则**　以公平、公正、全面、客观的原则，定性与定量结合原则。

（4）**考核时间**　规模化蜂场可实行定期考核制度，分季度、年度进行考核。

（5）**考核形式**　领导评价、同事评价、自我评价和客户评价等。

（6）**考核内容**

①出勤情况：有无迟到、早退、旷工、请假等情况，依据迟到、早退、旷工、请假的次数进行考核。

②岗位责任履行情况：依据岗位职责重点考察个人工作表现，从岗位履职能力、工作效果和职业道德等方面进行评价。

③工作成绩：根据各自的任务完成情况进行考核。规模化蜂场饲养员主要考核饲养管理水平、出勤率和责任心等；技术人员考核蜂场的蜂产品产量、蜂群扩繁速度、蜜蜂疾病发生率等；销售人员主要考核销售额、汇款额；财务人员主要考核财务成本、生产成本和经营成本的控制，要求账目清楚、账物相符；管理人员重点考核整个蜂场生产、经营的组织能力、领导能力和经济效益。

（7）**考核结果**　考核结果一般分为优秀、良好、合格、较差四个等级。对于考核较差的人员应考虑解聘；考核优秀的人员应给予物质和精神奖励。考核结果与考核人员的工资和奖励挂钩，鼓励多劳多得，树立榜样、激励先进。

227. 蜂场有哪些安全卫生制度?

规模化蜂场拥有大量的蜂群,是生产蜂产品的主要场所,安全卫生工作十分重要,为确保蜂产品卫生安全和蜂场人员安全,要制定安全卫生制度:

(1)人员卫生

①蜂场生产加工人员每年至少体检1次,建立健康档案。患有传染病、隐性传染病、精神病的不得从事蜂场的生产、加工等工作。

②生产加工人员进入生产、加工区域前必须更换工作服、洗手和全面消毒。

③经常洗澡、理发、刮胡须、不留长发、修剪指甲,保持个人清洁卫生。

(2)场地卫生

①蜂场周围无污水、粪池,场地干净、卫生。

②蜂产品保管室:应阴凉通风,门窗、墙壁、地面洁净、无尘垢,无杂物堆放,并防止鼠害。

③蜂产品加工室:室内整洁,灯光明亮,保持地面、窗户、用具用品、加工台以及器材的清洁卫生,应有防鼠、防虫、防尘及防污染措施。

(3)产品卫生

①蜂群用药要严格按照国家的有关规定执行,严禁使用违禁药物;生病蜂群要严格执行休药期,对可能存在污染的蜂产品,严禁流入市场。

②蜂产品生产过程中,对所有用品用具、仪器和设备进行严格消毒、清洗,不得存在污染源。

③蜂产品容器必须无毒、无污染;蜂蜜等蜂产品及原料容器最好选用玻璃容器或食品塑料包装容器。

(4)蜂场安全

①蜂场需位于地势高燥、背风向阳的地方,不得放于地势低洼、容易遭受洪涝灾害的地段。

②蜂场应设立警示牌,严禁儿童、牲畜接近,提醒周边人员,

防止被蜜蜂蜇伤。

③规模化蜂场还要注意用电安全，防火防盗。

228. 怎样节约劳动力成本?

（1）**适度规模**　在一定规模范围内，随着规模的扩大，蜂场效益会逐渐增大，但达到某一规模后，每增加一群蜂其单位效益反而下降，这时的规模成本就是边际成本。由于蜜蜂采集的半径一般为3～5千米，该范围内的蜜源是固定的，过度规模也不能提高蜂产品产量，成本反而升高。

（2）**一人多岗**　蜂场许多工作均具有很强的季节性和灵活性，经常出现有些岗位工作量不饱和的情况，比如蜂场的蜜蜂疾病防控人员、办公室人员工作都较轻松，因此可以一人多岗，减少用人数量。

（3）**采集成熟蜜**　改变"见蜜就采"的生产方式，坚持一个蜜源采集一次蜂蜜，降低养蜂生产的劳动量。

（4）**采用先进的养蜂技术和养蜂机械**　随着科学技术的进步，养蜂技术和蜂机具的研究也取得了巨大的成就，如免移虫蜂王浆生产技术、养蜂专用车、电动摇蜜机等。

229. 怎样调动蜂场人员的积极性?

（1）**树立共同奋斗的目标**　将蜂场的目标与个人目标紧密结合，在实现蜂场目标的同时也实现个人的目标，将蜂场的前途和员工个人的命运紧密联系起来。

（2）**培养员工的主人翁意识**　尊重员工，让他们感觉到自己在蜂场的价值；加强培训，让员工提高工作积极性，树立大局意识。

（3）**奖惩分明，提高工作积极性**　对蜂场做出成绩的个人要给予表扬，对取得重大成果者给予奖励，对工作不积极、成绩较差者进行批评教育，严重影响生产者立即解聘。引导员工积极工作，建立良好的工作氛围。

（4）**下放权力，提高蜂场人员的自主性**　通过分配权力，让个人分担领导的工作责任，分享了领导的权力，为其工作注入更多的动力。明确蜂场每个人员的工作职责，鼓励个人开展技术创新和制度创新，充分挖掘蜂场人员的潜力，发挥他们的聪明才智和创造力，充分发挥个人的主观能动性。

（5）及时解决蜂场人员提出的问题　认真处理蜂场人员提出的各种建议和意见，出现问题及时查明原因，尽快处理。

第二节　财务管理

230. 蜂场应建立哪些财务管理制度?

财务管理工作是规模化蜂场一个十分重要的工作。财务人员必须严格执行财务制度，以降低生产经营成本，提高经济效益，确保蜂场的正常生产经营活动。

（1）财务人员协助场长做好蜂场财务工作，坚持原则，照章办事，严格执行工作职责，各司其职；财务人员在面对违反财经纪律和财务制度的事项时，有权拒绝付款或报销，并及时向场长报告。

（2）报账必须有正式发票，印章齐全，经手人、负责人签名后方可报销付款，不能开具发票的应立即征求场长同意，开具收据进行报销；报账单据必须做到手续完备、内容真实、数字准确；记账要求账目清楚、日清月结、近期完账。

（3）所有会计凭证、账簿、报表必须使用钢笔或签字笔填写，不得用铅笔或圆珠笔。

（4）财务部门要加强对现金、资产及费用开支的管理，提高其流动性和利用率，防止损失，杜绝浪费，提高效益。

（5）财务章由出纳保管，场长和会计私章由会计保管，不得由一人保管使用。

（6）严禁为外单位或个人代收代支、转账套现；银行账户往来应逐笔登记入账，每月或季度与银行核对1次账单。

（7）现金库存不得超过规定限额，现金收支做到日清月结，确保库存现金的账面余额与实际库存现金额相符；现金、银行日记账数额分别与现金、银行存款总账数额相符。

（8）蜂场固定资产每年必须由财务部门会同其他部门盘点1次，及时对盘存固定资产进行审查，报批准后处理。

231. 蜂场的主要成本有哪些?

蜂场成本就是蜂场进行蜂产品生产经营过程中所产生的各种成本，包括材料费用、折旧费用、工资成本、经营成本及管理成本等。控制成本是规模养殖场的重要任务之一，搞好成本管理可以显著降低成本，提高蜂场效益。蜂场的主要成本分为生产成本、财务成本、经营成本和管理成本等。

（1）**生产成本** 主要包括原材料（蜂群、蜂机具、蜜蜂饲料、蜂药等）费、运输费用，生产人员的工资、补贴及福利费，固定资产（蜂箱、运输车、加工设备等）折旧费及维修费等。

（2）**财务成本** 规模化蜂场进行财务活动所发生的各种费用，包括利息、税金等。

（3）**经营费用** 蜂场销售蜂产品、蜂群等物资所发生的费用，包括差旅费、人员工资、福利及奖励等。

（4）**管理成本** 规模化蜂场市场经营管理所发生的各种费用，包括管理人员费用、招待费、办公费、电话费、工会经费、劳动保险费、咨询费、诉讼费等。

232. 怎样进行蜂场成本控制?

规模化蜂场成本控制是对蜂产品生产经营过程中发生的各种耗费进行计算、调节和监督的过程。做好成本控制、减少资源浪费，可提高蜂场的经济效益。

（1）**降低原材料成本** 规模化蜂场生产经营活动的主要原材料

有蜜蜂饲料（蔗糖、花粉等）、治疗药物、蜂机具等，特殊情况还可能购入蜂群、蜂王。在保证质量的前提下，货比三家，与供应商之间建立伙伴关系，双方本着"利益共享、风险共担"的原则，建立一种双赢的合作关系，使蜂场在长期的合作中获得货源保证和成本优势。

（2）加强财务管理 重视财务工作，分析成本构成，制定成本控制方案，尽量降低财务成本。

（3）提高生产效率 加强员工培训，提高生产技能，增加生产效率；加强过程管理、减少原材料损耗、提高原材料利用率；实行一人多岗、多劳多得的奖励制度，降低人员费用。

（4）提高产品质量 蜂产品质量差异较大，且价格悬殊，为了提高规模化蜂场的总体收入，应注重产品质量管理，严禁为了短暂利益生产稀薄蜜、药残蜜等。

233.怎样根据财务报表调整管理措施?

财务报表就是规模化蜂场生产经营过程中财务情况的综合报告，它包含蜂场的经营状况与潜在的风险。财务专业人士，非常熟悉财务报表，对于报表所反映的情况一目了然，但财务报表往往是给蜂场管理者如场长等人审阅的，他们可能不具备专业的财务知识，如何对报表进行分析、发现问题和采取相应措施却是一门博大精深的学问。优秀的财务人员能够使管理者更加准确、及时地通过财务报表，了解蜂场的生产经营情况，发现其中存在的问题，并采取相应的措施。

财务报表分析是一项主要的工作，意义重大。在实践中多采用比较分析法，这也是财务报表分析中最常用、最基本的一种方法。通过对比蜂场两期或连续数期财务报表中的主要项目或指标数值的增减变动的方向，数额和幅度，了解蜂场财务状况、经营成果和现金流量变化的趋势。通过比较分析，可以发现差距，找出产生差异的原因，进一步判定蜂场的财务状况和经营状况，确定蜂场生产经营的收益性和资金使用的安全性。

第三节 **物资管理**

234. 蜂场的物资包括哪些?

蜂场物资与蜂场的规模有一定关系，规模越大往往物资的数量和品种越多，了解蜂场物资可以进行科学管理和有效利用，严禁物资积压，影响蜂场效益。蜂场物资主要有:

（1）**生产物资** 蜂群、蜂箱、巢脾、王浆框、浆条、巢础、割蜜刀、摇蜜机、埋线器、吹烟器、蜂帽、蜂衣、蜂蜜桶、白糖、人工花粉、产品包装物、冰柜、放蜂车等。

（2）**蜂场产品** 蜂花粉、蜂蜜、蜂王浆、蜂胶、蜂蜡、蜂蛹及其生产加工成品。

（3）**办公用品** 电话、电脑、打印机等。

（4）**生活物资** 冰箱、电视、太阳能电池板、帐篷、煤气罐等和其他生活物资。

235. 蜂场物资应怎样管理?

规模化蜂场物资种类和数量众多，管理不善容易造成浪费或物资积压，给蜂场带来损失。为此，需要对蜂场所有物资进行科学管理、合理使用，最大限度地提高其利用率、降低损耗。蜂场物资一般需要进行分类管理、严格控制物资的采购、发放和使用。

（1）**制订物资采购计划** 根据规模化蜂场每年的生产目标，制订采购计划。采购计划要根据生产的实际情况而定，不要一次采购过多的物资，造成物资积压和仓储紧张；对于占地小、质量轻、可能涨价的物资适当多采购一些。反之，也不能造成物资短缺，影响蜂场正常生产。

（2）**分类保管** 蜂场物资需要根据生产情况进行采购，有的物资如饲料蜂花粉、人工花粉容易氧化、需要低温保存，蜂王浆及其产品需要冷冻保存，因此，需要指定专人进行保管，确保物资质量稳定；蜂箱、巢脾、王浆框、浆条、巢础等基本物资可根据每年繁蜂情况和生产情况进行估算、适当扩大采购比例。

（3）严格控制物资的发放　规模化蜂场物资发放需要进行审批，由使用人或部门填写物资领用表，经场长或分管领导批准后领取。

（4）做好物资账　物资保管人员认真做好物资进出库记录，每月对领用的物资进行统计下账，定期对库存物资进行盘存，做到账、物清楚无误。

236. 怎样充分利用蜂场物资？

规模化蜂场物资较多，合理利用可为蜂场节约成本，提高效益。

（1）加强采购计划，不能造成物资长时间积压。

（2）加强管理，减少浪费。根据生产经营情况领取物资，对未使用完的物资及时退回仓库，生产人员在使用物资时尽量节约、避免浪费，如饲喂蜜蜂的糖浆不要洒落箱外、饲喂的花粉要能按时吃完避免生霉变质。

（3）定期清理库房物资，发现问题及时报告处理。每周或每月对库存物资进行巡查，发现积压、可能变质、短缺等问题，及时报告并进行处理。

（4）做好保管工作，除了确保物资质量外，还要做好防鼠、防火、防盗等工作。

第四节　生产管理

237. 怎样确定蜂场的适度规模？

有的蜂场为了追求最大的经济效益，不断地扩大规模，结果发现规模增加了效益反而降低了。其实，每个蜂场都有一个适度规模，当蜂场规模达到一定程度后，每增加一群蜜蜂，经济效益不增加反而下降，此时的规模为蜂场最大效益规模。最大效益规模往往被蜂场认为是适度规模，但适度规模还会因养蜂人员的技术水平的提高而扩大；另外，蜂场周边3～5千米范围内的蜜粉源植物是影响蜂场规模的重要因素。如果蜜粉源不足，扩大规模无异于无谓地增加成本，一般情况下，定地中蜂场在周边蜜粉源丰富的情况下，以100群左右为佳，最多不超过120群；西方蜜蜂根据周边大流蜜植物的面积情况、养蜂人员技术水平，一般以每人饲养80～100群为宜，每个地方放置200群左右，如果蜂群数量太多，应分散放置，提高蜜蜂的采集效益和有效采集范围。

238. 怎样确定蜂场的生产方向和目标？

蜂场的生产方向和目标应紧密结合蜂产品的市场动态，关注蜂产品的价格走向，按照蜂产品收益最大选择生产的蜜种和其他产品。蜂场的经济目标也不要定得太高，要充分考虑气候对蜂场生产的影响。同时，还要考虑放蜂路线蜜粉源的流蜜情况及蜜粉源衔接情况。蜂场生产一般以生产蜂蜜、蜂王浆、蜂花粉为主，兼顾生产蜂胶（西蜂）、蜂蜡和蜂幼虫。因此，蜂蜜、蜂王浆和蜂花粉产量是决定规模化蜂场收入的主要因素，要根据市场上这三类产品的价格预期进行组合生产。比如，提高油菜蜜的产量还是油菜王浆的产量，提高洋槐蜜的产量还是提高洋槐王浆的产量，均要根据市场进行对比分析，才能正确确定蜂场的生产方向和目标。

239. 怎样提高蜂场的产量？

影响蜂场产量的因素很多，需要进行多方面的分析和把控。现在许多小型蜂场基本没有进行该问题的思考，但规模化蜂场必须随时具备怎样提高蜂场产量的意识，才能获得理想的收益。要想提高蜂场产量必须做好以下工作：

（1）**认真分析蜂产品市场动态**　根据往年蜂产品的市场价格走向，决定生产蜂产品种类和数量。

（2）**掌握蜜粉源植物的流蜜情况**　蜜粉源植物流蜜一般有大小年之分，这会直接影响蜂产品产量。

（3）**选择好放蜂路线**　不同的放蜂路线，蜜粉源植物的种类和开花时间不一样，所生产的产品也不一样，蜜粉源的衔接程度也不一样。应选择蜜粉源衔接好、产品总收益高的放蜂路线。

（4）**加强饲养管理**　注重新蜂王和采集蜂的培育，组织群势强大的采集群，合理处理分蜂热，加强蜂群的疾病控制等。

240. 蜂场的生产过程中应做好哪些记录?

在蜂产品的生产过程中，需要做好相关记录，以便进行质量追溯和管理、进行蜂场人员考核和销售宣传。规模化蜂场一般应做好以下记录：

（1）**饲喂记录**　包括饲喂糖浆、花粉、盐水的时间、蜂群编号、饲喂量、期限、效果等，见表9-1。

表9-1　蜂群饲喂记录

饲喂时间	蜂群号	饲料种类	饲喂量	饲喂期限	饲喂效果	备注

（2）**产品生产记录**　包括蜂蜜、蜂王浆、蜂花粉、蜂胶等各种蜂产品的生产时间、蜜（粉）源植物种类、产量、颜色、浓度等质量指标、批号、生产人员等；有蜂产品加工厂的规模化蜂场还要记录加工产品名称、数量、规格、批号、加工人员等，见表9-2。

表9-2　蜂产品生产记录

生产时间	产品名称	蜜（粉）源	产量（千克）	感官指标	批号	生产人员	备注

（3）**消毒记录** 包括消毒的时间、对象（蜂群编号、机具、场地）、消毒药名称、厂家、浓度、使用方法、次数等，见表9-3。

表9-3 蜂场消毒记录

时间	消毒对象	药品名称	厂家批号	浓度	使用方法	效果	使用人

（4）**疾病防治记录** 包括时间、对象（蜂群编号）、疾病种类、药物名称、厂家、浓度、使用方法、次数、防治效果等，见表9-4。

表9-4 蜂场疾病防治记录

时间	蜂群号	疾病种类	药品名称	厂家批号	使用方法	使用人	防治效果

（5）**销售记录** 包括产品名称、批号、数量、规格、价格、销售额、客户名称、联系电话、地址等，见表9-5。

表9-5 蜂产品销售记录

时间	产品名称	数量	价格	客户名称	联系电话	客户地址	备注

（6）**产品进出库记录** 包括产品名称、进出库数量、规格、批号、库管员、经办人等信息，如表9-6。

表9-6 蜂产品进出库记录

时间	产品名称	进库数量	出库数量	规格	批号	库管员	经办人	备注

（7）**饲养管理记录** 包括蜂群检查记录、蜂王培育记录、蜂群繁殖记录、蜂群合并记录、蜂群分群记录、蜂群越冬记录等，见表9-7至表9-11。

表9-7　蜂群检查记录

时间	蜂群号	蜂王及产卵情况	蜜粉贮量	病虫害情况	处理方式	处理效果

表9-8　蜂王培育记录

移虫时间	移虫群号	哺育群号	王台移植时间	交尾群号	产卵情况	记录人	备注

表9-9　蜂群合并记录

合并时间	并前群号	并后群号	蜂脾总数	蜜粉脾数	产卵情况	记录人

表9-10　蜂群分蜂记录

分蜂时间	分蜂群号	蜂脾总数	新分群1号	新分群2号	新分群3号	记录人

表9-11　蜂群越冬记录

开始时间	蜂群号	蜂量	饲料量	越冬情况	处理办法	记录人

（8）**蜜粉源植物记录** 记录蜜粉源植物的名称、地点、数量、开花时间、花期、泌蜜量、泌蜜规律等，见表9-12。

表9-12　蜜粉源植物记录

时间	蜜粉源名称	地点及规模	开花时间	花期	泌蜜情况	备注

241. 怎样进行蜂场记录数据的分析?

进行蜂场记录分析的目的在于通过分析发现蜂场生产管理中存在的问题,及时进行整改或解决。通过检查记录可以发现蜂群的贮蜜量、蜂王的产卵情况、蜂群群势、疾病情况、分蜂热等;通过饲喂记录了解蜂群贮蜜情况、群势、繁殖情况;产品生产记录反映蜂场或蜂群的生产能力;疾病防治记录了解蜂群的健康情况和抗病能力;饲养管理记录了解整个蜂场蜂群总体群势、繁殖和健康状况;通过蜜粉源植物记录分析以便更好地选择放蜂路线和转场时间;销售记录可以了解客户的产品需要量、种类等信息。

总之,规模化蜂场需加强蜂场记录的分析,充分利用记录信息,为蜂场的生产经营提供及时、有利的信息,以便提高蜂场的经济效益。

242. 如何建立蜂场记录档案?

规模化蜂场应指定专人负责建立蜂场档案,购置专门的档案柜。按照不同的记录分类保管;编制蜂场记录目录、进行分类编号;建立记录借阅登记表、明确记录的去向和查阅情况。

第五节　经营管理

243. 怎样确定蜂场的经营目标?

规模化蜂场每年都应制定经营目标,由于经营目标受很多因素影响，因此制定年度经营目标时，应充分考虑影响经营目标的主要因素。蜂群是蜂场的主要生产要素，第一，蜂群数量直接影响蜂产品产量；第二，蜂产品市场价格的高低直接影响蜂产品收入；第三，分析蜜粉源植物的泌蜜情况，大小年对蜂产品产量影响较大；第四，蜂场的饲养管理水平也会影响蜂场产品产量和质量；第五，考虑蜂产品加工的增值效益。

通过对各种产品的生产销售预测，考虑各种因素的影响力，制定符合蜂场实际的经营目标；也可根据往年度的蜂场经营情况，综合考虑本年的影响因素，制定本年度目标。年度经营目标不宜过大，一定要有确保目标实现的措施和方案，要符合生产实际，并考虑不可预见的有关因素。

244. 怎样控制蜂场的经营成本？

要获得理想的经济效益，严格控制成本是关键。控制成本首先要分析成本组成，哪些成本可以压缩，哪些成本不能压缩。规模化蜂场应从以下方面控制成本：

（1）加强饲养管理，合理调控群势，减少饲料用量。饲料成本在养蜂生产中占较大比重，注意节约使用，减少浪费。

（2）建立良好的薪酬制度和奖励制度，鼓励蜂场人员多劳多得、一人多岗，减少劳动力成本。

（3）加强蜂群的疾病防治，减少疾病的发生率。树立防重于治、防治结合的疾病防治理念。

（4）加强培训教育，树立成本意识。提高蜂场人员的操作技能，树立良好的节约观念，围绕蜂场的经济目标，增强成本意识。

245. 怎样提高蜂场的经营收入？

规模化蜂场的经营收入主要来自蜂产品的生产销售，其次是蜂群和种王，有的蜂场还可以进行蜂产品加工，进一步拉长养蜂生产链条，获取更高的收入。提高规模化蜂场的主要途径有：

（1）**加强饲养管理，提高蜂产品的产量**　蜂产品是规模化蜂场收入的主要来源，只有搞好蜂场的生产管理，才能确保蜂场经营收入稳定和增加。

（2）**坚持生产优质成熟蜂蜜，提高蜂蜜价值**　个别蜂场为了提高蜂蜜产量，生产稀薄蜂蜜，但由于蜂蜜浓度低，蜂蜜价格也低，虽然产量有所增加，总的收入却没有显著增加。生产优质成熟蜜不仅提高了蜂蜜的品质，产品价格也显著提高，尤其是加工后的蜂产品价格可成倍增加，其经营收入也会明显提高。

（3）**进行蜂产品加工，提高产品附加值**　规模化蜂场具有一定的经济实力，可以开展蜂产品的初级加工，而蜂产品加工工艺又比较简单，利于形成一定的加工能力，拉长蜂产品生产链条，提高其经营收入。

（4）**打造蜂产品品牌，提高品牌效益**　注册蜂产品商标，加强品牌宣传，拓展销售渠道，开展绿色有机产品认证。

（5）**加强蜂场管理，降低生产经营成本**　提高生产效率，降低管理成本，调动人员积极性，发挥科技优势，提高产品科技含量。

246. 怎样拓展蜂产品的销售渠道？

蜂产品的销售渠道就是蜂产品销售的途径或通道，要拓展产品销售的渠道应做好以下工作：

（1）**提升蜂产品质量**　随着人们生活的改善和经济收入的提高，人们对身体健康越来越关注，人们对蜂产品的质量要求也越来越高，不再是只在乎蜂产品的价格，而是更加关注蜂产品的真假和质量，因此，高质量的蜂产品将会越来越受人们的欢迎。

（2）**加强产品宣传力度**　通过各种渠道，进行蜂产品功能介绍，特别是电视、网络等媒介，宣传面广、接受人群多，可以让人们充分认识蜂产品、了解蜂产品的作用和功效。

（3）**开展网络销售**　传统销售已不再是产品销售的主要渠道，现代网络营销已逐渐成为市场营销的主要手段，它不仅能进行全面的产品宣传，还能让客户直观地感受产品的生产过程，增加客户的信任度，提高产品销售量。

（4）**结合乡村旅游观光等产业**　蜂产品销售可以与观光农业、旅游业相结合，充分利用其优势，进行产品宣传，拓展其销售渠道。

（5）**打造蜜蜂文化产业**　通过蜜蜂文化的普及和推广，让人们认识蜜蜂、走进蜜蜂王国、了解蜜蜂文化，从而达到促进蜂产品销售的目的。

247. 怎样打造蜂产品品牌？

市场上的蜂产品种类繁多，产品质量也参差不齐，消费者对蜂产品的鉴别能力较差，因此，他们在购买蜂产品时大多选择知名品牌。怎样打造蜂产品的品牌成为规模化蜂场面临的重要问题。

（1）**加强蜂产品的质量控制**　生产优质原生态蜂产品。一定要生产优质成熟蜜，严禁掺假使假；生产期间蜂群严禁使用杀虫药和国家禁用的各种药物，避免蜂产品药物残留；选择生态环境良好的山区生产蜂产品，不要在农药厂、蔬菜生产基地、环境污染严重区域放蜂、进行蜂产品生产，从源头上狠抓蜂产品质量。

（2）**加强蜂产品生产过程的监督检验**　坚持不生产不合格蜂产品，不加工不合格蜂产品，不销售不合格的蜂产品。

（3）**提高蜂产品的科技含量**　加强与蜂业科研院所的联合，开展科技创新，共同研发具有较高科技含量的蜂产品。

（4）**进行蜂产品质量认证**　强化质量意识，树立质量是生命的经营理念。积极开展绿色蜂产品、有机蜂产品、名牌蜂产品等质量认证。

（5）**加强规模化蜂场联合**　推行规模化生产经营，走产业化发展道路。建立养蜂联合社，整合蜂场资源，完善蜂场－养蜂专业合作社－蜂产品企业的产业发展模式，实现强强联合，进行股份制改造，建立蜂产品集团公司，打造我国蜂产品知名品牌。

248. 怎样做好蜂产品的销售服务?

蜂产品销售服务的宗旨:让顾客满意,树立产品形象,促进产品销售。销售服务按产品销售的过程可分为售前服务和售后服务。售前服务是指在蜂产品销售之前,为顾客提供的各种服务,如蜂产品效果咨询、包装外观、产品加工流程等咨询服务活动;售后服务是指蜂产品销售后,为顾客提供的各种服务,如蜂产品服用方法、保管方式、包退包换等销售服务活动。

(1)**指定专人负责产品售后服务工作** 对收到的售后服务要求必须及时处理,不能及时回复的,应说明原因。牢固树立全心全意为顾客服务的指导思想,热情、周到、全面地为顾客提供各种销售服务。

(2)**建立服务热线** 在产品包装、宣传册等宣传材料上标明售后服务电话,为顾客提供24小时免费咨询服务,有条件的蜂场也可聘请蜂业专家提供技术服务咨询。

(3)**开展技术培训** 在消费者集中的区域,可组织蜂业专家为消费者进行技术讲座、产品介绍、使用指导等售后服务工作。

(4)**规范服务行为** 制定蜂产品售后服务管理制度,建立售后服务流程,严格按照制度和流程开展售后服务工作,使售后服务工作规范化、提高消费者的满意度。

第六节 规模化蜂场养殖效益分析

249. 蜂场的收入有哪些?

规模化蜂场除了生产蜂产品原料外,还会进行蜂产品初加工,规模较大的蜂场甚至可以进行蜂产品精深加工。因此,规模化蜂场的主要收入来自生产销售蜂产品、出售蜂群和蜂王以及蜂产品加工。蜂场一般以生产蜂产品为主，蜂产品一般分为以下三类：①采集加工产品：蜂蜜、蜂胶、蜂花粉等；②蜜蜂分泌物：蜂王浆、蜂蜡和蜂毒；③蜜蜂躯体：幼虫、蛹和成虫。

250. 怎样进行效益分析？

经济效益是衡量一切规模化蜂场生产经营活动的最终的重要指标，是蜂场的总收入与生产成本之间的比例关系。进行效益分析可以发现生产经营活动中存在的问题，及时控制成本，提高效益。规模化蜂场一般每年都会制定一个效益目标，可以一定期限（月、季）进行效益分析，可分析以下指标：

（1）**增产效益**　蜂场年蜂产品平均销售价乘以增产产量，就是本年度增产收益，除去增产成本就是增产效益，可与上年度的增产效益对比。该项指标可以显示规模扩大后的效益情况，是一个主要的效益衡量指标。

（2）**成本效益**　蜂场总效益与总成本的比率。该指标可以反应蜂场的生产经营情况，成本效益高表明蜂场利润率高。

（3）**费用效益**　蜂场总效益与总费用的比率。该指标主要反应蜂场管理情况，费用效率高表明经营管理好、费用控制好。

251. 怎样估算规模化中蜂养殖场的效益？

中蜂多采用定点养殖或结合小转地饲养，饲养规模多受周边蜜粉源植物的限制，一般情况下，规模化中蜂养殖场蜂群数量在60 ~ 120群，以下以饲养80群中蜂的养殖场为例进行养殖效益估算。

（1）**第1年成本**

①购蜂群：蜂种费用 = 600.0元/群 × 80群 = 4.8万元，其中：每群蜂4个脾，每脾120元；蜂箱每个120元。

②购机具：0.22万元，其中：

防蜂服2套200元，摇蜜机1台500元，榨蜡机1台1 000元，糖度计1台300元，蜂扫、割蜜刀、过滤网、埋线器、烟雾器等2

套200元。

③购饲料：1.2万元，其中：

白糖：7.0元/千克×10千克/群×80群=0.56万元；

花粉：80.0元/千克×1千克/群×80群=0.64万元。

④购蜂药：0.1万元，按每群蜂每年平均用药12元计算：

12.0元/群×80群≈0.1万元。

⑤人工成本：3.6万元，其中：

3 000/（人·月）×12月×1人=3.6万元，饲养中蜂多利用闲暇时间进行管理，但繁殖和产蜜期间则需要2人进行管理，平均按1人计算。

⑥不可预见性开支：0.4万元，其中：

50.0元/群×80群=0.4万元。

以上各项成本总计：10.32万元。

（2）年收入

按每群蜂平均产蜜10千克、中蜂蜂蜜价格按160元/千克计算；由于中蜂产蜡量较少，蜂花粉、蜂王浆等其他产品一般不进行生产，所以不计算产值。

蜂蜜：160元/千克×10千克/群×80群=12.8万元；

繁殖蜂群：480元/群×80群=3.84万元（按1群蜂每年繁殖1群蜜蜂进行计算）；

总收入=12.8万元+3.84万元=16.64万元。

（3）经济效益分析

①效益风险：蜂场由于蜜蜂疾病引起的蜂群死亡、因管理不当造成的飞逃或因外界蜜源引起的减产等因素的影响，经济效益存在着一定的风险，效益风险按总收入的10%估算：16.64万元×10%=1.66万元。

②第1年盈利：全场盈利16.6万元4-10.32万元-1.66万元=4.66万元。

③第2年及以后每年总盈利：第2年及其以后每年都可以自己

繁殖蜂群而不需要购种，因此每年盈利等于在第1年收益的基础上加上省去的购蜂种的费用，4.66万元+4.8万元=9.46万元。

因此，1户饲养80群中蜂的家庭农场每年除了有1个劳动力的工资收入外，还能有5万～10万元的家庭养殖效益。

252. 怎样估算规模化西蜂养殖场的效益?

规模化西蜂场多采用转地饲养模式进行生产，一般情况下，饲养规模200群左右，以下以饲养160群西蜂的养殖场为例进行效益分析。

（1）第1年成本

①购蜂群：蜂种费用 = 160群 × 720元/群 = 11.52万元，其中：每群蜂6个脾，每脾100元；蜂箱每个120元。

②购机具：0.31万元，其中：

防蜂服3套300元，摇蜜机2台1 000元，榨蜡机1台1 000元，糖度计1台300元，蜂扫、割蜜刀、过滤网、埋线器、烟雾器等5套500元。

③购生活设施：1.5万元，包括帐篷、太阳能、床被、电器等。

④购饲料：4.16万元，其中：

白糖：7元/千克 × 20千克/群 × 160群 =2.24万元；

花粉：80元/千克 × 1.5千克/群 × 160群 =1.92万元。

⑤购蜂药：0.32万元，其中：

20元/群 × 160群 = 0.32万元。

⑥人工成本：5万元，其中：

2 500/（人·月）× 10月 × 2人 =5万元，一般情况，饲养160群西蜂只需要2人管理，冬季越冬的2～3个月仅投入少量劳动力，因此按每年10个月计算人工投入。

以上各项成本总计：22.81万元。

（2）年收入

西蜂可以生产蜂蜜、蜂王浆、蜂花粉、蜂胶和蜂蜡，所以西蜂养殖场生产模式较多，主要依据蜜粉源植物的流蜜吐粉情况采用不同的模式进行生产。根据大量调查统计数据，每群蜂每年平均产值按1 500元进行估算。

①产品产值：1 500元/群 ×160群=24万元；

②繁殖蜂群：600元/群 ×160群=9.6万元（按1群蜂每年繁殖1群蜜蜂进行计算）；

总收入 = 24.0万元+9.6万元 = 33.6万元。

（3）经济效益分析

①效益风险：蜂场由于蜜蜂疾病引起的蜂群死亡、因管理不当造成的飞逃或因外界蜜源引起的减产等因素的影响，经济效益存在着一定的风险，效益风险按总收入的10%估算：33.6万元 ×10%=3.36万元。

②第1年盈利：全场盈利33.6−22.81−3.36 = 7.43万元。

③第2年及以后每年总盈利：第2年及其以后每年都可以自己繁殖蜂群而不需要购种，因此每年盈利等于在第1年收益的基础上加上第1年购蜂种的费用，7.43万元+11.52万元=18.95万元。

因此，一个饲养160群西蜂的养殖场（或家庭农场）每年除了2个劳动力的工资收入外，还能有10万 ~ 20万元的养殖效益。

第十章 养蜂相关法律法规和政策

253.《中华人民共和国畜牧法》对养蜂业有哪些规定?

2005年12月29日,全国人民代表大会常务委员会通过了《中华人民共和国畜牧法》,该法于2006年7月1日正式实施,其中有四条条款专门对养蜂作了规定。《中华人民共和国畜牧法》第一章(总则)第二条明确说明:"蜂、蚕的资源保护利用和生产经营,适用本法有关规定"。该法界定了养蜂业属畜牧业范畴。该法第四十七条、第四十八条、第四十九条专门就国家层面、养蜂者及相关职能部门对养蜂业的发展、生产、经营及安全运输等作出了针对性规定,从而结束了我国养蜂业长期无法可依的历史。

具体条款有:第四十七条,国家鼓励发展养蜂业,维护养蜂生产者的合法权益;有关部门应当积极宣传和推广蜜蜂授粉农艺措施。第四十八条,养蜂生产者在生产过程中,不得使用危害蜂产品质量安全的药品和容器,确保蜂产品质量。养蜂器具应当符合国家技术规范的强制性要求。第四十九条,养蜂生产者在转地放蜂时,当地公安、交通运输、畜牧兽医等有关部门应当为其提供必要的便利。养蜂生产者在国内转地放蜂,凭国务院畜牧兽医行政主管部门统一格式印制的检疫合格证明运输蜂群,在检疫合格证明有效期内不得重复检疫。

254. 农业部《养蜂管理办法(试行)》有哪些主要内容?

为进一步规范和支持养蜂行为,加强对养蜂业的管理,维护养蜂者合法权益，促进养蜂业持续健康发展，农业部于2011年12月13日颁发了《养蜂管理办法（试行）》。该办法是目前我国唯一一部专业针对养蜂业的部颁规章，共分5章25条。

第一章是总则，主要提出了制定该办法的法律依据和鼓励支持等原则性要求；再是规定了该办法所指的范围与对象；还明确了中央和地方相关养蜂主管部门及执法主体，并对养蜂社会团体等行业组织的职权及工作与发展提出了要求。

第二章是生产管理，也是该办法的核心内容，分别就授粉推广和蜜粉源植物保护、种蜂生产管理、备案登记、生产规范、产品质量控制、饲养记录、农药施用管理、蜂产品交售等方面作了规定。

第三章是转地放蜂，针对流动放蜂的特点分别对转地的指导服务、场地管理、蜜蜂资源保护、事故处理以及收费等事项提出了要求。

第四章是蜂群疫病防控，这一章主要就蜂群检疫、疫病防控、蜂药使用、蜂机具生产管理予以界定。

第五章是附则，一是界定了该办法所指的蜂产品品种，二是规定了"违反本办法规定的，依照有关法律、行政法规的规定进行处罚。"三是确定了本办法的实施时间，自2012年2月1日正式实施。

255. 国家对蜂业发展有规划吗？

为加强对我国养蜂业发展的管理与指导，推动产业持续健康稳定发展，2010年12月27日，农业部颁布了《全国养蜂业"十二五"发展规划》，结合我国国情及实际情况，该规划提出了"十二五"期间养蜂业发展的指导思想、原则和目标、发展布局、发展重点，明确了全国养蜂业的发展方向和保障措施。

为进一步加强畜禽遗传资源保护开发利用工作，维护生物多样性，促进现代畜牧业可持续发展，2016年11月9日，农业部颁布了《全国畜禽遗传资源保护和利用"十三五"规划》，该规划明确提出了蜜蜂的保护重点和利用方向是以保护区为主，兼顾基因库保护，开展蜜蜂保种方法技术研究，加强本品种选育，因地制宜开展蜂蜜、蜂王浆等特色产品开发，拓展文化、体育和医药等功能。

256. 国家对蜜蜂授粉有哪些支持?

为转变养蜂业发展方式，着力强化蜜蜂授粉的产业功能，夯实产业发展基础，提高综合效益，保障蜂产品质量安全，推动养蜂业持续健康发展，2010年2月26日，农业部出台了《农业部关于加快蜜蜂授粉技术推广促进养蜂业持续健康发展的意见》（农牧发〔2010〕5号）。为进一步推广蜜蜂授粉技术，转变养蜂业生产方式，提高农作物产量和品质，农业部组织制定了《蜜蜂授粉技术规程（试行)》（农办牧〔2010〕8号）文件。

2013年农业部办公厅发文《农业部办公厅关于印发蜜蜂授粉与绿色防控增产技术集成应用示范方案的通知》（农办农〔2013〕75号），其目标任务：2014年，以油菜、大豆、向日葵、苹果、梨、柑橘、草莓、瓜类、棉花等10种蜜源植物或虫媒授粉植物为主，建立20个示范基地，每个基地示范面积1 000 ~ 10 000亩。集成配套关键技术，形成10种作物蜜蜂授粉与绿色防控技术规程，促进大面积推广应用。

2015年农业部办公厅再次发文关于印发《2015年蜜蜂授粉与病虫害绿色防控技术集成示范方案》的通知（农办农〔2015〕6号），其目标任务：2015年，以油菜、向日葵、苹果、梨、柑橘、枣、樱桃、草莓、番茄、哈密瓜、水稻、大豆12种蜜源植物或虫媒授粉植物为主，建立4个蜜蜂授粉与病虫害绿色防控技术集成应用整建制推进示范区、24个试验示范基地。每个整建制示范区，设施作物示范面积1万亩、大田作物5万亩；每个试验示范基地，设施作物示范面积1 000亩、大田作物3 000亩。集成12种作物蜜蜂授粉与绿色防控技术规程，初步形成油菜、向日葵、苹果、草莓、番茄5

种作物整体推进机制。涉及全国15个省、自治区、直辖市。

257. 转地放蜂需要办理哪些手续？

转地放蜂，一是要办理检疫合格证明，蜂群自原驻地和最远蜜粉源地起运前，养蜂者应当提前3天向当地动物卫生监督机构申报检疫。经检疫合格的，方可起运。二是要办理养蜂证，根据农业部颁发的《养蜂管理办法（试行）》（农业部公告第1692号）第八条规定，养蜂者可以自愿向县级人民政府养蜂主管部门登记备案，免费领取养蜂证，养蜂证格式由农业部统一制定。转地养蜂者应当持养蜂证到蜜粉源地的养蜂主管部门或蜂业行业协会联系落实放蜂场地。

258. 蜜蜂检疫有哪些规定？

为规范蜜蜂的检疫工作，按照《中华人民共和国动物防疫法》《动物检疫管理办法》等有关规定，农业部制定了《蜜蜂检疫规程》，检疫对象主要有：美洲幼虫腐臭病、欧洲幼虫腐臭病、蜜蜂孢子虫病、白垩病、蜂螨病。经检疫合格的，出具动物检疫合格证明。动物检疫合格证明有效期为6个月，且从原驻地至最远蜜粉源地或从最远蜜粉源地至原驻地单程有效，同时在备注栏中标明运输路线。经检疫不合格的，出具检疫处理通知单，并按照有关规定处理。

259. 转地放蜂可以享受绿色通道政策吗？

2009年，蜜蜂作为鲜活农畜产品，其转运已经列入了绿色通道的范围。交通运输部于2009年12月22日发布了《关于进一步完善和落实鲜活农产品运输绿色通道政策的通知》（交公路发〔2009〕784号），明确规定自2010年1月1日起，转地放蜂的蜜蜂执行鲜活农产品运输绿色通道政策。

260. 国家对养蜂机具有哪些补贴政策?

2012年1月6日,农业部、财政部联合发文《关于印发〈2012年农业机械化补贴实施指导意见〉的通知》(农办财〔2011〕187号),该文件中的附件1——《2012年全国农机购置补贴机具种类范围》明确将养蜂专用平台列入补贴范围。根据这一补贴范围各养蜂重点省份又制定了更详细的规定。

2016年,中央财政安排专项资金1 000万元在山东实施2016年养蜂工机具示范推广试点项目,对养蜂场户、合作社购买蜂机具给予适当补助。蜂机具主要包括养蜂移动平台及割台机、钳虫机、移虫机、挖浆机等。补贴标准:对养蜂场户、合作社购买蜂机具实际支出的50%给予补助,其中对养蜂移动平台实行定额补助,根据型号不同,YFYDPT-2型每台补助8万元、YFYDPT-4型每台补助7万元。对割台机、钳虫机、移虫机、挖浆机等按实际价格的50%给予补贴。补贴对象为山东、吉林、黑龙江、江苏、浙江、安徽、湖北、湖南、江西、四川、重庆等11个省份专业从事蜜蜂养殖的规模养蜂场户、合作社,且蜂群基础规模在80群以上。山东省财政厅将补贴资金拨付山东省畜牧兽医局后,山东省畜牧兽医局通过政府购买服务方式,委托山东省蜂业协会负责资金管理和支付。

2017年,在2016年养蜂工机具示范推广试点项目基础上,中央财政对全国养蜂专业合作社及蜂群基础规模在80群以上的规模养蜂场户购置蜂箱给予补贴,要求购置蜂箱数量不低于100个,补贴标准为蜂箱购买价格的30%。补贴以自愿申报为原则。

261. 国家对蜜蜂标准化场建设有哪些要求?

近年来,农业部大力开展畜禽标准化示范创建活动,从2016年起,将蜜蜂养殖纳入标准化示范创建内容,在辽宁、浙江、福建、江西、山东、湖北、湖南、海南、重庆、四川、青海和新疆等地开展试点。根据《农业部畜禽标准化示范场管理办法(试行)》

（农办牧〔2011〕6号）要求，蜜蜂标准化场建设要求体现"四化"：

（1）**蜂种良种化** 因地制宜选用优良蜂种，品种来源清楚、检疫合格。

（2）**养殖设施化** 养蜂场选址布局科学合理，饲养和生产设施设备满足标准化生产需要和防疫要求。

（3）**生产规范化** 建立规范完整的养殖档案，制定并实施科学规范的饲养管理规程，配备与饲养规模相适应的技术人员，严格遵守饲料和兽药使用规定，生产过程实行信息化动态管理。

（4）**防疫制度化** 防疫消毒设施完善，防疫制度健全，科学实施蜜蜂疫病综合防控措施，对病死蜂群实行无害化处理。

262. 国家对蜜蜂保种场建设有哪些要求?

根据《中华人民共和国畜牧法》和农业部《畜禽遗传资源保种场保护区和基因库管理办法》（农业部令2006年第64号）有关规定，蜜蜂保种场场址要求在原产地或与原产地自然生态条件一致或相近的区域；场区布局合理，生产区与办公区、生活区隔离分开。办公区设技术室、资料档案室等。生产区设置饲养繁育场地、兽医室、蜂群无害化处理等场所，配备相应的设施设备，防疫条件符合《中华人民共和国动物防疫法》等有关规定；有与保种规模相适应的畜牧兽医技术人员。主管生产的技术负责人具备大专以上相关专业学历或中级以上技术职称；直接从事保种工作的技术人员需经专业技术培训，掌握保护畜禽遗传资源的基本知识和技能；蜂群数量要求60箱以上；有完善的管理制度和健全的饲养、繁育、防疫等技术规程。

参 考 文 献

安建东，陈文锋，2011. 中国水果和蔬菜昆虫授粉的经济价值评估[J].昆虫学报，54（4）：443-450.

安建东，李磊，孙永深，等，2001. 熊蜂为温室西红柿授粉的效果研究[J]. 蜜蜂杂志（9）：3-5.

安建东，童越敏，国占宝，等，2004. 熊蜂为温室茄子授粉试验[J]. 中国养蜂，55（3）：7-8.

曹兰，戴荣国，罗文华，等，2010.蜜蜂囊状幼虫病研究进展[J].蜜蜂杂志（4）:35-37.

曹兰，秦永平，刘佳霖，等，2016.中蜂巢虫防治研究进展[J].中国蜂业（2）:33-34.

曹兰，秦永平，杨世勇，等，2015.中蜂幼虫期疾病的种类与防治方法[J].黑龙江畜牧兽医（9）:164-167.

曹兰，王瑞生，高丽娇，等,2015.中蜂甘露蜜中毒诊治[J].蜜蜂杂志（1）:3-4.

陈汝意，2013.观蜂尸诊断蜂病[J].蜜蜂杂志（4）：29-31.

陈盛禄，2001.中国蜜蜂学[M].北京：中国农业出版社.

陈盛禄，林雪珍，徐步进，等，1988.蜜蜂为柑桔授粉试验总结报告[J].中国养蜂（6）：26-29.

代平礼，周婷，王强，等，2012.养蜂业相关主要寄生蜂[J].中国蜂业（Z1）:19-22.

董秉义，1997.蜜蜂螺原体病的研究进展[J].蜜蜂杂志（10）:22-23.

董专勋，曹俊伟，王和民，2004.蜂群四季管理技术[J].河南畜牧兽医（3）:43-44.

冯蜂，2002.蜜蜂"爬蜂病"的研究与防治实践（五）[J].蜜蜂杂志（3）：

20-21.

高寿增, 2004. 合并蜂群的措施 [J]. 蜜蜂杂志 (8):38.

戈加欣, 2004. 杂交榨菜制种蜜蜂授粉技术研究 [J]. 种子, 23 (10): 56-57.

关振英, 2006. 盗蜂综合防止法 [J]. 中国蜂业 (8):19.

郭军, 2010. 将药物防治放到最后 [J]. 中国蜂业 (9): 55-56.

郭媛, 邵友全, 2008. 蜜蜂授粉的增产机理 [J]. 山西农业科学, 36 (3): 42-44.

国占宝, 安建东, 彭文君, 等, 2005. 熊蜂和蜜蜂为日光温室甜辣椒授粉的研究
 [J]. 中国养蜂, 56 (10): 8-9.

胡友军, 2003. 大棚油桃授粉方式研究初报 [J]. 生物学杂志, 20 (6): 33-34.

黄昌贤, 吴定尧, 江杜规, 等, 1984. 利用蜜蜂授粉增加荔枝座果试验初报
 [J]. 华南师范大学学报 (自然科学版) (1): 49- 56.

姬聪慧, 戴荣国, 2009. 蜂螨防控技术研究进展 [J]. 动物医学进展 (10): 94-97.

江名甫, 2008. 盗蜂的观察分析及防盗止盗措施 [J]. 中国蜂业 (9):20.

康龙江, 康振昂, 张黑丽, 2002. 蜂群调脾、合并的若干知识 [J]. 蜜蜂杂志
 (4):37.

柯贤港, 张文松, 张含良, 等, 1987. 利用蜜蜂为籽莲授粉试验初报 [J]. 福建农
 学院学报, 16 (2): 169-171.

匡邦郁, 2001. 科学养蜂问答 (四) 怎样移动蜂群 [J]. 云南农业 (4):19.

匡邦郁, 2001. 科学养蜂问答 (五) 怎样饲喂蜂群 [J]. 云南农业 (5):19.

匡海鸥, 1999. 实用高产养蜂新技术 [M]. 昆明: 云南科技出版社.

赖友胜, 刘炽松, 梁正之, 等, 1985. 利用蜜蜂为水稻辅助授粉 [J]. 蜜蜂杂志
 (2): 2-3.

黎明林, 2001. 怎样检查蜂群 [J]. 蜜蜂杂志 (4):10.

李怀军.2005. 谈我地蜜蜂死蛹病的发生与防治 [J]. 蜜蜂杂志 (9):23.

李建伟, 李光欣, 李霞, 1998. 蜜蜂为日光温室草莓授粉增产显著 [J]. 中国养蜂,
 49 (6): 18.

李位三, 1991. 蜜蜂等授粉昆虫为向日葵授粉小区试验 [J]. 养蜂科技 (1): 2-4.

李文先, 1989. 蜜蜂为三叶草授粉的试验 [J]. 蜜蜂杂志 (4): 13.

李晓峰, 2002. 蜜蜂为猕猴桃授粉效果初报 [J]. 养蜂科技 (3): 4-5.

历延芳，闫德斌，葛凤晨，2005.蜜蜂为塑料大棚桃树授粉试验报告[J].蜜蜂杂志（6）：6-7.

梁勤，1996.蜜蜂保护学[M].北京.中国农业出版社.

梁勤，陈大福，2009.蜜蜂保护学[M].北京：中国农业出版社.

刘新生，魏枢阁，1997.樱桃园凹唇壁蜂释放及授粉效果的研究[J].河北科技师范学院学报，11（4）：21-25.

刘玉强，2014.冬季防止老鼠和蟏鱛对蜂群的危害[J].中国蜂业（11）：24.

刘正忠.2017.中蜂欧洲幼虫腐臭病的诊断与防治[J].中国蜂业（1）：38.

逯彦果，刘长仲，缪正瀛，等，2008.蜜蜂为荞麦授粉的效果研究[J].中国蜂业，59（12）：33-34.

罗建谱，姚先铭，黄光裕，等，1992.利用蜜蜂为油茶授粉以提高座果率的研究[J].经济林研究（S1）：176-179.

马建军，史秀丽，2012.蜜蜂农药中毒的预防与应急处置[J].中国蜂业（7）：23-24.

闫玉洺，杨永，2016.蜂蜜中毒现状分析及预防相关研究概述[J].食品工程（3）：4-6.

邵永祥，黄思奇，伍永福，1995.蜜蜂为香梨授粉的试验研究[J].蜜蜂杂志（2）：26-27.

邵有全，高景林，苗如意，等，1998.日光温室黄瓜蜜蜂授粉增产效果[J].山西农业科学，26（1）：38-41.

邵有全，宋心仿，吕慧卿，等，2000.日光节能温室西葫芦蜜蜂授粉研究[J].中国养蜂，51（4）：7-8.

苏睿，李红娇，董申，等，2011.中国油茶蜜源现状及其利用[J].中国蜂业（Z1）:48-50.

孙德勋，张成东，1980.利用蜜蜂的苹果授粉[J].农业科技通讯（1）:35.

孙启跃，2012.蜜蜂孢子虫病的诊断与防治[J].中国畜禽种业（11）：24.

田自珍，祁文忠，缪正瀛，等，2010.河西走廊油菜蜜蜂授粉研究报告[J].蜜蜂杂志，4:3-5.

童越敏，彭文君，邢艳红，等，2005.三种授粉方式对温室凯特杏的影响研究

[J].蜜蜂杂志（2）：3-4.

王福仁.2002.注意蜘蛛对蜂群的危害[J].蜜蜂杂志（2）:38.

王桂清,2006.蜂群的流蜜期管理[J].养蜂科技（1）:13.

王继勋,马凯,赵国庆,2008.南疆日光温室桃树熊蜂授粉试验初报[J].新疆农业科学,45（5）:824-827.

吴海之,朱有炎,1983.利用蜜蜂为锦橙授粉增产实验初报[J].蜜蜂杂志（4）:16-18.

吴杰,2003.几种重要授粉蜜蜂的特性及授粉应用[J].中国养蜂,54（5）:24-25.

夏平开,陈福隆,1994.利用蜜蜂授粉繁殖油葵不育系的初步研究[J].新疆农垦科技（3）:28-29.

徐传球,2016.麻痹病的危害及防治[J].中国蜂业（5）：42.

徐士磊,石丽萍,汲全柱,2008.盗蜂的防止[J].中国蜂业（5）:20.

徐松林,2001.蜜蜂螺原体病的诱因及对策[J].蜜蜂杂志（4）:11-12.

杨立涛,李金彦,2006.浅谈蜂群逃亡及防止[J].养蜂科技（3）:26.

余林生,1989.蜜蜂的秋季管理[J].生物与特产（4）:20-21.

余林生,孟祥金,樊宗元,2001.蜜蜂为棚栽草莓授粉的效益分析研究[J].蜜蜂杂志（5）:10-11.

袁春颖,熊成,袁小波,2007.浅谈"爬蜂病"的综合防治技术[J].蜜蜂杂志（7）:32-34.

战书明,李树珩,2003.怎样检查蜂群[J].养蜂科技（6）:12-13.

张大利,2011.蜂场如何做好消毒[J].蜜蜂杂志（9）：15-16.

张伏生,2006.现代养蜂生产发展趋势分析[J].中国畜牧兽医文摘（2）:22.

张明海,张石胜,王海京,2008.意大利蜜蜂授粉对沙打旺结实率的影响[J].东北林业大学学报,36（9）:59-60.

张秀茹,2005.蜜蜂为西瓜授粉效益初报[J].养蜂科技（4）:5-7.

张中印,安建东,罗术东,等,2008.蜜蜂授粉手册[M].北京:中国农业出版社.

郑军,陈盛禄,林雪珍,等,1981.蜜蜂为棉花授粉增产试验报告[J].中国蜂业（5）:22-25.

郑言良,周福全,徐德树,2003.应用中草药为蜂治病数方[J].蜜蜂杂志（5）:26.

中国农业百科全书总编辑委员会养蜂卷编辑委员会，中国农业百科全书编辑部，1993. 中国农业百科全书：养蜂卷[M]. 北京：农业出版社.

周冰峰，2002. 蜜蜂饲养管理学[M]. 厦门：厦门大学出版社.

祝长江，2011. 蜜蜂孢子虫病与阿米巴病的鉴别诊断[J]. 中国蜂业（11）：19-20.

图书在版编目（CIP）数据

规模化蜜蜂养殖场生产经营全程关键技术 / 曹兰，
王瑞生，程尚主编.—北京：中国农业出版社，2019.1（2020.1重印）
（新型职业农民创业致富技能宝典 规模化养殖场生产经营全程关键技术丛书）

ISBN 978-7-109-24155-8

Ⅰ．①规… Ⅱ．①曹…②王…③程… Ⅲ．①蜜蜂饲养-饲养管理 Ⅳ.①S894

中国版本图书馆CIP数据核字（2018）第108219号

中国农业出版社出版

（北京市朝阳区麦子店街18号楼）

（邮政编码 100125）

责任编辑 黄向阳 刘宗慧

文字编辑 张庆琼

北京万友印刷有限公司印刷 新华书店北京发行所发行

2019年1月第1版 2020年1月北京第2次印刷

开本：910mm×1280mm 1/32 印张：8

字数：196千字

定价：28.00元

（凡本版图书出现印刷、装订错误，请向出版社发行部调换）